遂宁市广德寺文化系列丛书　释普正 主编

遂宁市广德寺
古建筑群探微

刘长贵　著

文物出版社

图书在版编目（ＣＩＰ）数据

遂宁市广德寺古建筑群探微 ／ 刘长贵著. －－ 北京 ：
文物出版社，2020.6
ISBN 978-7-5010-6178-5

Ⅰ．①遂… Ⅱ．①刘… Ⅲ．①寺庙－古建筑－研究－
遂宁 Ⅳ．①TU- 092.2

中国版本图书馆CIP数据核字（2019）第115919号

遂宁市广德寺古建筑群探微   刘长贵　著

封面题签	梁敦宁	
责任编辑	李缙云　刘良函	
责任印制	梁秋卉	

出版发行	文物出版社
社　　　址	北京市东直门内北小街2号楼
网　　　址	http://www.wenwu.com
邮　　　箱	web@wenwu.com
经　　　销	新华书店
制版印刷	天津图文方嘉印刷有限公司
开　　　本	889×1194　1/16
印　　　张	17.5
版　　　次	2020年6月第1版
印　　　次	2020年6月第1次印刷
书　　　号	ISBN 978-7-5010-6178-5
定　　　价	360.00元

作者简介

　　刘长贵，国家一级注册建筑师，研究员级高级工程师。1941年出生于江苏省镇江市，1964年毕业于南京工学院（今东南大学），毕业后在中国第四机械工业部第十一设计院（今信息产业电子第十一设计研究院科技工程股份有限公司）从事设计工作。曾荣获四个省部级一等奖，发表论文十余篇。1992年，刘长贵担任绵阳地区城市规划训练班主讲老师，并完成多个重点工程总图设计任务。他曾多次承担遂宁市城市规划设计任务，完成1982年遂宁县城总体规划和2000年遂宁市城南创新工业园控制性详细规划。他曾多次从事汉传佛教寺院规划设计，主要有绵阳圣水寺、绵阳涪城寺、德阳崇果寺、汉源进山寺、罗江南塔寺、苏州吴江泗洲禅寺等的规划设计。2014年起，他还承担了遂宁广德寺贯彻文物保护规划中的改建方案设计。已出版著作《手绘图——勾线水彩表现技法》。

《遂宁市广德寺文化系列丛书》编委会

顾　问　赵洪武　唐　飞　何赢中

主　编　释普正

副主编　刘长贵　释广融　释普智　释续定

编　委　释普正　刘长贵　释广融　释普智　释续定
　　　　庄文斌　王朝卫　蔡林利　粟李琼　景红梅
　　　　冉小君　释普栋　释普成　何月珍　张先明
　　　　张小凤

摄　影　阳　东　鄢明超　刘昌松　宋　敏

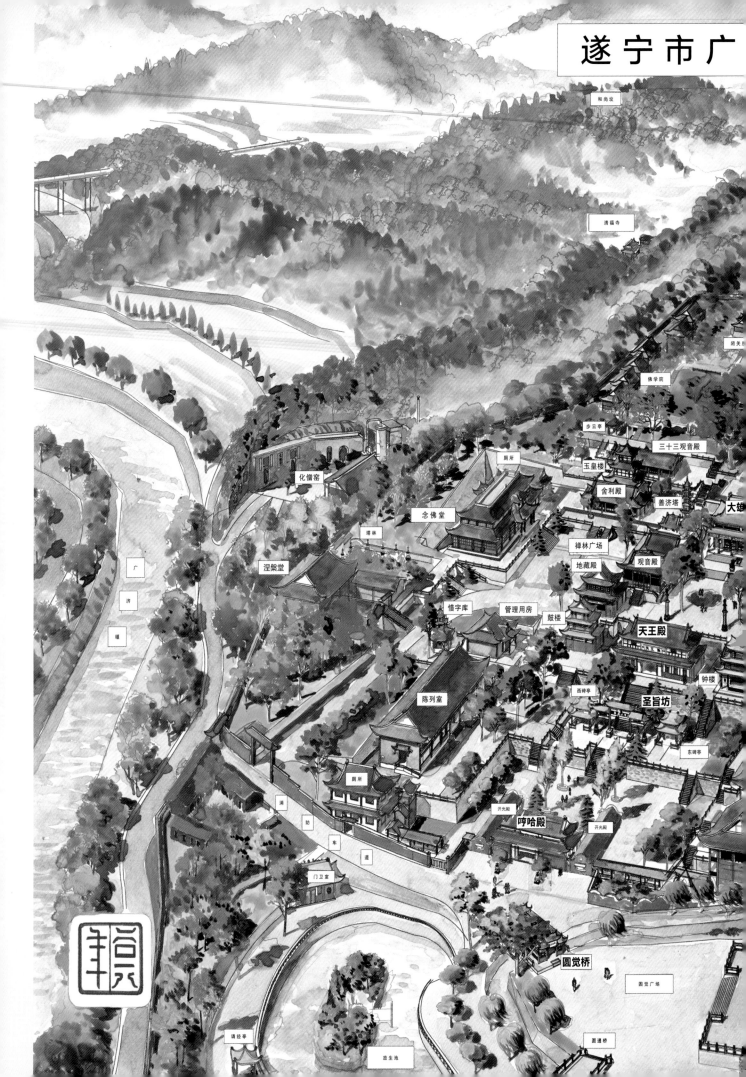

鸟瞰图

紫竹园

山房　山房

加压泵房

佛顶阁

消　防　车　道

净心楼

回车场

问禅楼

观

音

禅

道

修行楼

主

圆

路

七佛殿

净念居

回车场

吟德亭

佛缘楼

船舫

问本堂

清凉地

祖堂

广德讲堂

西厢房

东厢房

小寮房

供电楼

送子殿

五观堂

观

音

禅

道

消

防

车

道

青龙湖

回车场

观光台

慈云楼

洗心亭

大山门

醒悟亭

长寿梯

广　　　德　　　路

序一

四川遂宁广德寺素来被尊为"西来第一禅林"，史载复建于唐。但寺内的唐代建筑和石窟大多损毁，现仅存数通唐代碑碣。现存的建筑除了宋代善济塔外，其余皆为明清建筑或仿明清建筑。寺庙依山选址，环境背山面水，中轴线上共有庙宇九重，主次分明并对称，布局完整，规模宏大，气势雄伟。2006年，广德寺被国务院公布为第六批全国重点文物保护单位。经历"5·12"汶川地震后，为了全面修复地震对古建筑群造成的损害，我有幸主持了四川省文物考古研究院遗产保护中心对广德寺文物建筑的全面测绘和修缮设计工作，编制的《四川省遂宁市广德寺文物保护规划（2013—2030年）》报经国家文物局后获得批准。

寺中现存珍稀文物有明代木质结构圣旨坊，它是全国唯一立在寺内的"圣旨牌坊"。值得一提的还有珍贵馆藏文物宋代"敕赐广利禅寺观音珠宝印"、明代"敕赐广德禅寺"四种（四国）文字玉印，它们与圣旨坊均为广德寺的镇寺之宝。

前期保护勘察期间，我对广德寺的重要价值有了更深刻的认识。当看到寺庙订阅了文物考古的"三大杂志"和《四川文物》供参观者阅览时，我便主动联系并结识了监院普正法师（2010年4月16日，普正法师荣膺广德寺方丈）。后来，我得知广德寺正在积极参与对寺庙的保护规划工作，并形成110余份会议纪要，而且普正和尚及僧人们的一些建议很是专业。后来我才知道有些意见是来自刘长贵先生，我称呼他"刘工"。

初识刘工　在广德寺规划即将上报的2013年秋，一位瘦弱的白发老者来到四川省文物考古研究院办公室见我，并索要规划初稿。他说要为广德寺的环境整治和基础设施的提升做些设计，并顺手拿出笔记本电脑操作起CAD来，思路清晰、动作熟练，令我惊讶。这位老者就是刘长贵先生，也即"刘工"。

1981年，刘工为遂宁市的城市规划做调研时，在城市上空俯瞰到一片古建筑群。就是这片古建筑群，给他留下了深刻印象。1982年，他在做遂宁县城总体规划时特别关注了该处，并在遂宁县（1985年撤县建市）规委会会议上提出把广德寺保护提高到"要开放，南北通道要打通"的高度。作为一名设计工程师，刘工把文物保护和利用融入城市总规，时刻不忘文物保护，令我钦佩。

刘工在规划期间常来广德寺写生，留下了许多珍贵的写生图片和照片。本书中的写生图就是当年历史色彩的再现。特别是他留下的圣旨坊和碑亭的资料，后来成为修缮工作的重要依据。直到现在，他都时刻关注着寺庙的保护和变化，只要路过，就会进来看一看。

2013年得知我院在做规划，他就积极地向广德寺管委会提出意见，并全面关注进展和规划内容。2014年，该规划经国家文物局批复后实施。因他的热心奉献和认真负责的工作态度，刘工被遂宁市原副市长赵洪武推荐来为广德寺做些义务保护工作。

初读本书 刘工称他编著此书的目的是为宣传、保护和研究广德寺，是本着学习和参与的心态编写的。一位耄耋之年的老者耗时费神地一边做环境整治设计，一边编写书稿，且只用了短短两年多时间就完成并付梓，其心其情实在令人感慨。

全书共分五章。除第一章为广德寺古建筑概述，其他四章内容分别为：广德寺的科学选址及合理布局；按宋、明、清等时代顺序纵览广德寺各单体建筑；概括分析并总结广德寺各个时期的建筑特点及风格，并深入到典型斗栱和构架的举例说明；收录历代咏颂广德寺的重要赋文以及作者对广德寺的题咏。本书章节紧凑、图文并茂、内容翔实，方便读者更加直观地领略文物的别样风采，对传播古建筑知识和深入了解遂宁广德寺大有裨益。

从本书中的许多自绘线图中，我们可以窥见刘工的设计功底；水彩写生和早期的黑白勘察照片也弥足珍贵。刘工做县城总体规划时查阅过《遂宁县志》和城市建筑档案，也查看过城市山水及广德寺的沿革及演变，对广德寺建筑群各个历史阶段的变化都比较了解。"文革"时期，广德寺建筑遭到严重损毁，或被拆除，或被改建另作他用（当时的县医院、粮管所和文管所等单位都在寺庙内办公），很多单体建筑已看不出原貌。但有谁能想到，刘工当年的水彩写生，对没有留存彩色胶片记录的广德寺建筑的再次修缮起到了色彩上的借鉴、参考作用呢！

本书附录的《遂宁市广德寺鸟瞰图》堪称传世之作，是刘工在规划设计图基础上创作的水彩写生，倾注了刘工的大量心血。刘工对遂宁广德寺建筑群的保护和发展利用的用心，通过这幅图一览无余地展现在了读者眼前，我们对刘工的遗产保护情怀之敬意油然而生。

保护文物人人有责，让文物活起来，让百姓享受到文化遗产带来的愉悦，从而达到文化遗产的不断宣传、有力保护和更深入的研究，是我们一直以来的目标和美好愿景。

此为序。

四川省文物考古研究院院长　唐　飞

序二 其人其书

刘长贵，国家一级注册建筑师，教授级高级工程师，我常称之为刘工程师。其人也实善，其书也畅达。诚实善良，决定为人做事的价值取向。内化为信，则能不忘初心；外见于行，方可善始善终。

若问其人，其爱人何（月珍）教授常言：他心很善，所以我们才能在一起，风雨几十年，相濡以沫，而至今白头；对家庭，很负责；对子女，倾注全部的爱；对学生和徒弟，毫无保留；对领导，谄媚绝无；对弱者，扶持定有；对设计，精细执着；对工作，勤恳认真；对人事，心直口快，但都出于善心；做事那么认真，对人际关系却从不上心，故虽业务水平很高，但在单位却一直安于平凡。

若探其因，则刘工程师求学和成长道路上，曾遇三位贵人相助，并影响其一生。其一，1947~1953 年就读小学期间，小学校长洪金声（女）的教育救国思想深深感动和影响了他。洪校长不遗余力地帮助困难学生读书，他深感其恩。其二，1951 年土改时，新四军干部、后任江苏省镇江市副市长的江化才曾在他家住了好几个月，他对这位领导土改工作的驻村军干部十分敬佩。江化才教育他及土改骨干分子时说，对领导吹捧是一件丑闻（事），决不要去干。他铭记其教诲，终生无违。其三，1959 年刘工程师在南京工学院（今东南大学）就读时，遇全国著名画家、美术教育家、"中国水彩画之父"李剑晨。当时他带学生去写生，一路走一路应景讲色彩搭配，不浪费一点时间。对每个学生，他都认真教授，毫无保留。他特别喜欢努力上进的学生，绝无半点势利。所以刘工程师常感叹三位良师的言传身教和对自己潜移默化的影响，他说："每一个人在成长中都曾得到过别人的帮助，所以有机会就一定要去帮助别人。"在佛教而言，就是对善缘感恩回向，对有缘众生助增上缘。

若列其事，仅就在遂宁而言，第一，他是对遂宁城市规划做出了重大贡献的专家。1982 年，刘工程师所在单位中国第四机械工业部第十一设计研究院（今信息产业电子第十一设计研究院科技工程股份有限公司）免费承接"遂宁县县城城市总体规划"项目，时任遂宁县长的周国光主抓该项工作，邀刘工程师为总规划设计师。由于水灾刚过，公路不通，刘工程师一行数人从绵阳乘安二教练机到遂宁完成该项工作。在进行县城总体规划期间，刘工程师还完成了遂宁南转盘的详细设计和遂宁青少年宫的方案设计。1982 年下半年，为了解决城市规划管理人员紧缺的问题，绵阳市建委组织城市规划训练班，聘请他为主讲老师，历时半年。以四川省建筑勘测设计院城市规划室编制的"城市规划训练班讲义"为范本,他用通俗易懂的语言深入浅出地讲解城市规划原理和自己多年的工作经验,并手把手教导众人作图方法,为地方培养了一批城市建设方面的管理人才。在此期间,刘工程师不畏辛苦,出色完成绵竹县城总体规划。后任遂宁市副市长且主管城建工作的赵洪武就是当年城市规划设计班的学生。刘工程师还曾担任遂宁城南工业园控制性详细规划的总设计师,并出色完成规划任务。第二,结缘广德寺,为广德寺古建筑群的保护、修缮以及新建等做工程设计,对古建筑文化传承做出了重要贡献。1982年来遂宁途中,刘工程师在飞机上看到掩映在苍翠古柏中的一大片古建筑群(广德寺),感到非常震撼。第二天,刘工程师就前往考察,并吟诗《初到广德寺》,与广德寺结缘,有句曰:"水灾过后到遂宁,安二机下现禅林。有意参拜古寺庙,徒步越溪郊外行……"在县级领导班子总体规划方案汇报会上,他呼吁:"修复佛像,早日开放广德寺。"每逢周末,他就到广德寺写生,其水彩写生图成为后来古建筑保护修复的重要参考资料。他与本寺三代方丈均有交往,特别是与"和尚工程师"照全法师在建筑艺术方面有较多较深的交流。2014年以来,他对广德寺文物保护规划中的保护范围和建设控制地带建筑改建或新建提出了建设性方案,完成了念佛堂更改设计方案,千人五观堂、居士林和寮房建筑设计方案。这些方案均依法依规审批,立项后便开始施工建设,现部分建筑已竣工。他还免费为广德寺规划完成了佛缘茶楼改造建筑方案,禅林广场方案及施工图设计,北区、东区、南区消防道路设计等十二项工程。近年,他还为《慈悲之光》撰稿数篇,稿费全捐助刊。

遂宁千年古刹广德寺,复建于唐代,历史悠久,规模宏大,高僧辈出,敕封十一次,遐迩闻名。寺内现存宋善济塔、宋敕赐观音珠宝玉印、明敕赐四国文字玉印、明圣旨牌坊、清缅甸玉佛、宋明清石碑等极具历史价值的珍贵文物。寺院较为完整地保存了具有极高历史价值的明清时代建筑和院落布局,为考证明清时代四川寺庙建筑和西南宗教史提供了宝贵的实物资料。寺枕龙首、环山带溪、明水绕堂的传统选址观念,依山而建、前低后高、错落有致的合理空间布局,左右对称、层层升高、主次协调的自然审美景观和变化多样、形式丰富、端庄瑰丽的建筑殿宇造型等,是研究中国西南地区明清佛寺建筑的选址科学、风水理念、建筑形制和造型艺术等方面的重要实物例证。

正是如此,我很早就想找一个合适的人对广德寺古建筑群做一次详细挖掘和探究整理，既便于有缘信众、各界人士深入了解本寺古建筑群的历史和艺术价值，又能传播悠久灿烂的古建筑文化。得来全不费工夫，刘工程师成为不二人选。2017年，《慈悲之光》开辟了"遂宁寺庙"栏目，刊载了刘工程师介绍广德寺"观音殿""禅林广场"的文章。文章从专业角度对观音殿建筑、禅林广场设计理念进行解读，反响很好。我就拜托他抽空写这样一本书，他愉快地接受了。所以这两年多来，他在工作之余竭力做这项艰苦细致、专业性很强的工作，并终于撰写完成，名为《遂宁市广德寺古建筑群探微》。

阅览此书，脉络分明，细致畅达。首先，由广德寺古建筑概述（一般）到广德寺古建详解（特殊），具有高屋建瓴、管中窥豹的效果；由广德寺个别殿堂介绍到整体归纳、一般特点介绍到综合阐释，有解剖麻雀、由具体到抽象的效果。同时在第三章录入主要单体建筑的"平、立、剖"面图，达到了更加直观、方便地领略古建的别样风采的效果，堪称第一部"广德寺建筑史"。而该书对建筑细节的描述细致到砖、瓦、脊饰、窗、翘角、挑枋、撑弓、斗栱、柱顶石等，非常专业精微，让读者领略古建筑之博大精深和细节之美。

刘工程师为人做事均符合诚实善良的品格，因甘于奉献和做事执着，使其在平凡中闪耀工匠精神之光芒。其一，执事以敬、修身以敬。以敬畏和敬业精神对待广德寺古建筑保护、修缮以及新建之设计方案，专心致志而不懈怠，时刻保持恭敬谦逊的态度。其二，精益求精，尽善尽美。无论做遂宁城市规划、广德寺念佛堂设计方案修改等综合性、专业性强的项目，还是零星处理设计、撰写本书，他对古建筑所有细节均能细致精微。其三，内心笃定，发力精准，具有着眼于细微的耐心和执着。他做事特别勤恳认真，专业水准很高。其四，不墨守成规，大胆创新。在近耄耋之年、视力下降的情况下，他仍然坚持实地测绘、拍摄、选择照片；熟练运用电脑CAD技术求透视，形成线条轮廓图，然后手工工笔水彩描绘。2018年，他再次创新，创作出《遂宁市广德寺鸟瞰图》，并编入本书。因其独创、唯一、唯美，堪称经典之作、传世之作。读者欣阅此图，广德寺建筑便一目了然。

佛教教义中常劝信众放下执着去修行，是指放下对名利等身外之物的执着去修善行。若是对事业和对专业执着，则见信心和恒心，见对真善美价值的追求。内化为信念、外见于行动，在佛教教义中就是正信、正行。正信能净化内心，正行能成就德业，乃是修行之真境界。

聿广厥德是广德寺的光荣传统。近年，我们提倡"慈悲、中融、净化、成就"之广德修养，遵循"文化立寺、服务兴寺、人才强寺、德能护寺"之发展方略，特别注重传统文化的保护与传承。这是符合时代要求的正确发展方向。为贯彻中央关于"积极引导宗教与社会主义社会相适应"的精神，广德寺积极行动起来，先后出版了《广德寺志（2008）》《广德讲堂文集》《广德寺画册》和《悟在广德——碑刻匾联集》等书籍。

我寺在古建筑保护方面亦是倾尽全力。2013年，我寺与遂宁市城乡规划设计研究院联合编制了《广德寺复兴历史规模愿景图》，与四川省文物考古研究院合作编制《四川省遂宁市广德寺文物保护规划方案（2013—2030）》，该方案已于2014年2月21日经国家文物局批准（文物保函〔2014〕151号），并于2014年11月28日经四川省人民政府正式公布（川府函〔2014〕224号）。广德寺遵循该方案，先后对古建筑群逐一进行修缮，并新建仿明建筑念佛堂。根据2017年7月27日遂宁市规委会第44次会议和2018年2月28日遂宁市规委会第47次会议审核并原则通过的方案，我寺已改建仿明风格的千人五观堂、新建僧人寮房以及居士住宿房。在实现中华民族伟大复兴的愿景下，广德寺正沿着长念和尚开辟、海山和尚接力的复兴之路前进。

刘工程师积极参与广德寺文化复兴工作，其德显著；又著书立说，传播和弘扬古建筑文化，其功甚大。其人与其书相得益彰，读这本书就是读刘工程师这个人，故以"其人其书"为题，欣然为之序。

释普正

2019年9月19日于方丈室

前言

据《遂宁具志》（清乾隆五十二年本）记载："遂宁县于汉代即建有佛教寺院，永乐里石佛寺即为遗址。"遂宁广德寺原名石佛寺，即在汉代寺庙遗址上于唐高祖武德元年（618年）前后重建，唐代宗大历二年（767年）更名为保唐寺，大历十三年（778年）敕名"禅林寺"，德宗建中初年（780年）敕名"善济寺"，昭宗天复三年（903年）敕名"再兴禅林寺"，北宋真宗大中祥符四年（1011年）敕名"广利禅寺"，明武宗正德八年（1513年）敕赐"广德禅寺"。

广德寺历史悠久，历受唐朝、北宋、南宋、明朝九帝十一次敕封，世称"皇敕禅林""西来第一禅林"。广德寺几经盛衰，历经沧桑，不免受到火灾、地震、水灾、虫害、历史动乱、战争等自然和人为因素的破坏。唐朝建筑和佛像荡然无存，只唐碑依在。遂宁市广德寺现存古建筑除善济塔为宋代遗迹外，大部分为明洪武至宣德（1368~1435年）六十年间建造，少量为清代扩建或二十世纪九十年代复建。寺内现存宋代建筑一座，明代建筑十座，清代建筑十二座；保存有唐、宋、明、清时期的珍贵文物；藏经丰富；有古树八十余株；历代文人墨客留下的诸多诗词曲赋、牌匾、楹联；有历史悠久的古代传说。寺院香火旺盛，高僧辈出，"观音信仰"积淀深厚，"观音文化"负有盛名。广德寺环境优美，卧龙山柏林郁郁葱葱，青龙湖碧水荡漾，既是信教群众朝拜、静修的场所，又是旅游胜地。

遂宁广德寺是第六批全国重点文物保护单位（2006年5月25日公布）。为了有效保护文物，"5·12"汶川地震后，四川省文物考古研究院对文物建筑陆续做了大量测绘工作和修缮设计，使在"5·12"汶川地震中造成病态的文物建筑得到了即时修缮。2014年2月，四川省文物考古研究院完成了《四川省遂宁市广德寺文物保护规划》，制定了广德寺的保护范围、保护重点、保护措施，并对配套设施布局进行了科学合理的调整。

为了加强古建筑的保护和佛教文化的保护与传承，应广德寺中兴第三代方丈普正和尚提议，现对广德寺古建筑群的特点进行分析。本书侧重于从普及的角度进行论述，以便信教群众和青少年对广德寺古建筑文化有深入的了解，扩大广德寺的影响力。本书从广德寺古建筑概述入手，再纵览广德寺的文物建筑，从而突显广德寺古建筑群的特点和亮点。本书也可作为中国古建筑通俗读物和广德寺古建筑风采的宣传资料，以便吸引更多的人关注广德寺古建筑，关注文物保护。

　　由于本人主要从事设计工作，对中国古建筑的深入研究较少，如有认识不到之处，敬请同仁指正。

刘长贵

2019 年 7 月

目录

第一章 古建筑群概述

第二章 古建筑群的科学选址与总体布局

第三章 古建筑群单体建筑纵览

第四章　古建筑群特点分析

第五章　咏广德寺

第一章

古建筑群概述

一、建设年代

广德寺始建于唐代，现寺内唐代建筑已不存，仅遗留有宋代建筑 1 栋，明代建筑 10 栋，清代建筑 12 栋；另有近现代复建建筑和仿古建筑若干。

二、建筑类型

广德寺古建筑类型有殿、堂、楼、阁、塔、亭、房、厢、廊桥、牌坊、牌楼等，其中牌楼用于建筑局部。

亭：有柱有顶，没有墙，单体。

房：次要建筑。

厢：次要建筑。

楼：平面狭长，两层以上的建筑。

阁：平面非狭长的两层以上的建筑。

塔：三层以上有塔刹的建筑。

堂：寺院中仅次于殿的建筑。

殿：宫殿，寺庙中的主要建筑，有阶有陛。

廊桥：有屋檐的桥。

牌楼：有柱的门形建筑，比较高大。

牌坊：旧时为表彰某人的德行而设立的一种纪念性建筑。

三、基本特征

（一）文物建筑

使用木材作为主要建筑材料，以梁柱木构架为承重结构，围护物为砖瓦顶；以砖、竹编泥、木板做墙的木构建筑。保持构架制原则，将承重结构和围护结构分开的构架体系。部分建筑使用斗栱结构形式。

（二）复建建筑

以原风貌重建，局部用钢筋混凝土；使用木制斗栱，古木门窗。

（三）仿古建筑

仿明清风格的仿古建筑，除门窗、装饰用木外，多用现代材料。部分建筑使用木制斗栱。

四、建筑木构

（一）木构架形式

主要分为抬梁式构架和穿斗式构架两种。

1.抬梁式构架：又称叠梁式构架。在台基上立柱，柱沿进深方向架梁，梁上立矮柱，矮柱上再架一些短梁；如此叠加若干层，再在最上层架立脊瓜柱，组成一组梁架。梁架之间用檩、枋连接组成组合构架（图1-1）。

2.穿斗式构架：又称穿逗式构架。由柱距较密、直径较细的落地柱直接承檩，柱与柱在进深方向穿枋木，把柱子组成排架，并用挑枋乘托挑檐，排架与排架之间用钎子、斗枋和檩做横向连接（图1-2）。

3.也有的建筑采取中间用抬梁式，山墙用穿斗式的混合构架。

（二）角梁形式

广德寺古建筑角梁形式有两种：

1.宋制角梁：又称官制角梁。宋制角梁的做法是老角梁加子角梁（图1-3）。

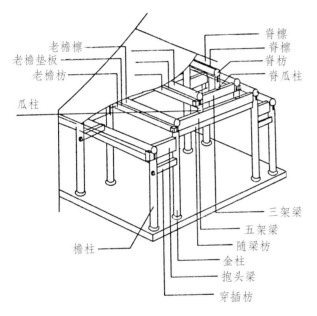

图1-1　清式抬梁式构架

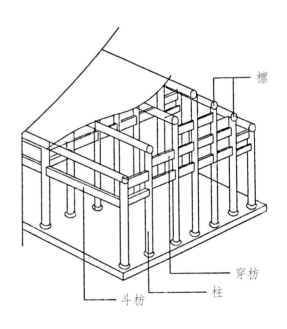

图1-2　穿斗（逗）式构架

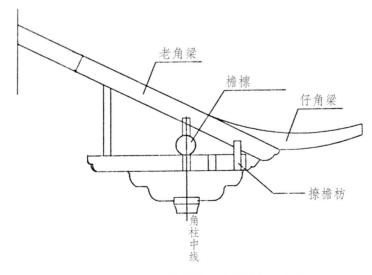

图1-3　宋制角梁：老角梁加仔角梁

2.南方民间角梁：老嫩戗角梁是南方民间做法，由老戗木、嫩戗木、扁担木、菱角木和箴木组成（图1-4）。

（三）加大出檐的方法

1.采用斗栱。利用斗栱的出挑，加大上檐出（图1-5）。

2.采用挑枋。利用挑枋加大上檐出（图1-6）。

3.采用撑弓或撑弓板加大上檐出（图1-7）。

4.综合采用撑弓或撑弓板、挑枋和吊瓜加大上檐出（图1-8）。

（四）其他木构件的采用

1.驼峰：用在梁架间承托梁栿的构件（图1-9）。

2.雀替（托木）：置于梁枋下，与立柱相交的短木。其作用是减少梁柱相接处向下的剪力（图1-10）。

3.角背：梁上方与柱连接处的加固构件（图1-11）。

4.挂落（楣子）：枋木下起装饰作用的构件（图1-12）。

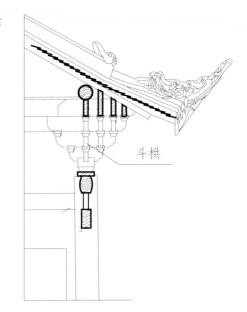

图1-5 斗栱出檐

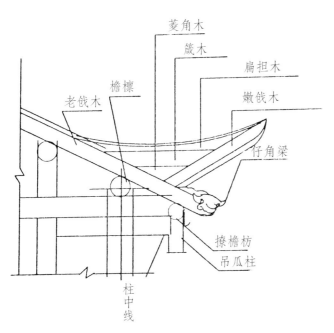

图1-4 南方民间角梁：老戗加嫩戗

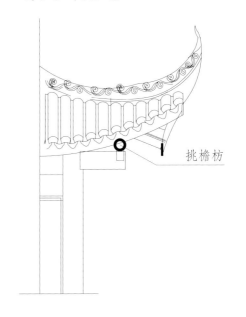

图1-6 挑枋出檐

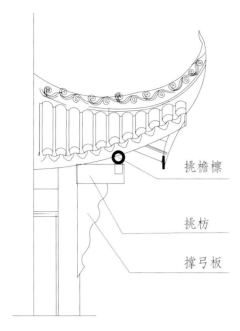

图 1-7　撑弓板、挑枋出檐

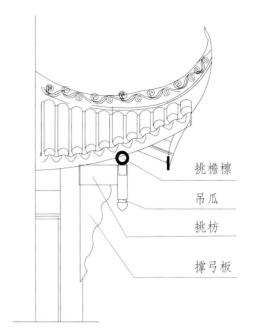

图 1-8　撑弓板、挑枋和吊瓜出檐

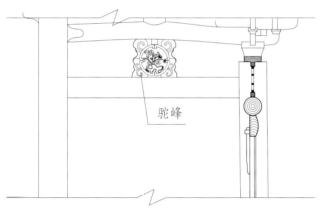

图 1-9　驼峰

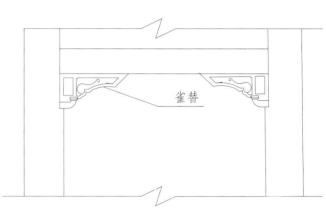

图 1-10　雀替（托木）

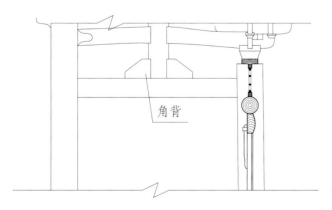

图 1-11　角背

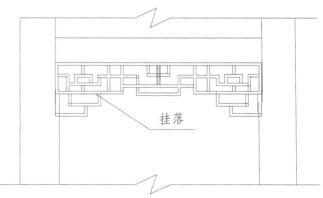

图 1-12　挂落（楣子）

五、建筑屋顶

（一）屋顶形式

广德寺古建筑屋顶有庑殿顶、歇山顶、悬山顶、方形三重檐攒尖顶、单檐六角攒尖顶、三重檐六角攒尖顶、卷棚顶、清水脊顶、盝顶和勾连搭顶等（图1-13）。

1. 庑殿顶：四坡屋面，又分单檐庑殿顶，重檐庑殿顶。宋李诫《营造法式》称其为四阿顶。

2. 歇山顶：有垂直山墙面的四坡屋顶，有九条脊（1正脊、4垂脊、4戗脊），又分单檐歇山和重檐歇山。最早出现于汉阙石刻，宋李诫《营造法式》称其为九脊顶。

3. 悬山顶：屋面跳出山墙的两坡顶。

4. 卷棚歇山顶：无正脊有垂直山墙面的四坡顶。

5. 攒尖顶：无正脊的单顶建筑。广德寺有六角形单檐攒尖顶和六角形重檐攒尖顶、方形单檐攒尖顶和方形三重檐攒尖顶。

6. 清水脊顶：悬山顶上不设垂脊。

7. 盝顶：有四条正脊带平顶的四坡顶，重檐。

8. 勾连搭屋顶：歇山顶山花部分连跨的屋顶。

9. 卷棚歇山顶：无正脊的歇山顶。

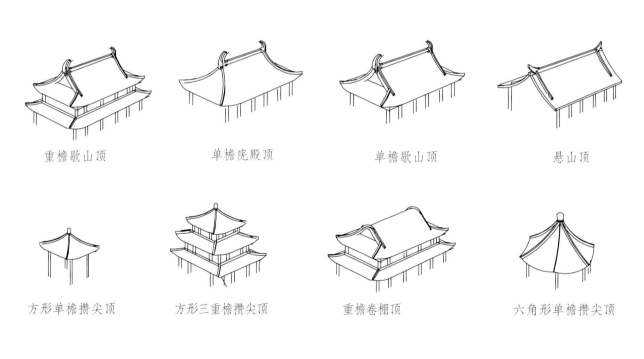

| 重檐歇山顶 | 单檐庑殿顶 | 单檐歇山顶 | 悬山顶 |

| 方形单檐攒尖顶 | 方形三重檐攒尖顶 | 重檐卷棚顶 | 六角形单檐攒尖顶 |

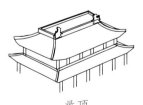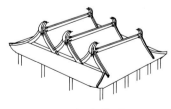

| 六角形三重檐攒尖顶 | 清水脊顶 | 盝顶 | 勾连搭顶 |

图1-13 广德寺古建筑屋顶形式

（二）屋面瓦件

广德寺屋面瓦件分为金黄色琉璃瓦、绿色琉璃瓦、灰筒瓦和小青瓦；脊的种类有琉璃脊、灰色烧制脊、陶塑脊、砖胎灰塑脊和灰塑脊。

（三）屋顶脊的装饰

1. 正脊端脊饰：有正吻、鸱吻和各种造型的鱼龙吻（鳌鱼）。

2. 正脊中部脊饰（脊刹）：广德寺多数建筑正脊中有脊饰，称宝顶，又称中堆、中花。图案有佛教寓意。有的宝顶两侧有跑龙。

3. 垂脊脊饰：脊下端饰望兽。望兽，螭吻的变种，口向外，取瞭望之意。

4. 戗脊脊饰：脊饰由望兽、1~5 只走兽和仙人组成。

5. 其他：琉璃屋面脊饰为烧制的琉璃制品。其他脊饰多为灰塑脊，多用镂空卷草图案。次要建筑用叠瓦做脊饰。正脊侧面和非镂空戗脊侧面多数有卷草纹图饰。琉璃顶角梁端套兽为龙头造型，其他在戗木端雕龙头。

六、彩绘装饰

广德寺古建筑彩绘主要为明代彩绘和清代彩绘。其中清代彩绘为金龙和玺彩画，以龙为主图案，包括双龙戏珠。

七、其他构件

（一）柱顶石

柱顶石又叫柱础，石制构件。柱顶石顶端上有空，叫"海眼"，与柱榫连接；也有柱顶石端上有落窝，柱子安放于石窝。

（二）踏跺

踏跺为建筑外踏步、台阶。常用形式有三种：垂带踏跺、如意踏跺、御路踏跺（图1-14）。

1. 如意踏跺：两侧无垂带，三面上下的踏跺。

2. 垂带踏跺：两侧有垂带的踏跺，踏级多时安石栏杆。

3. 御路踏跺：两侧有垂带，中间有御路的踏跺，御路有龙或龙凤雕饰，是高级踏跺。

1. 如意踏跺　　　　2. 垂带踏跺　　　　3. 御路踏跺

图 1-14　常用踏跺

（三）石栏杆

石栏杆是台明上和长梯道的围栏。广德寺石栏杆一般用青石或青色花岗石石料加工而成。石栏杆的基本构件为望柱、栏板、花托、地栿和寻杖（扶手）。

1. 望柱：石栏杆的直立支撑，横切面一般为20cm左右的方形或方形带小切角，高为110~130cm。望柱柱脚做榫，与地栿连接；柱头有石雕，占全高的1/3~1/4，柱头形式多与佛教元素相关。

2. 栏板：栏板高为望柱的0.5~0.6倍，厚度为望柱的0.6~0.7倍。栏板两端和底边都剔凿有槽口边，分别嵌入望柱和地栿的槽口内；在扶手部分钻凿圆洞，用铁销与柱连接。

3. 地栿：承接望柱和栏板的底座，剔凿有承接槽口，厚度一般比望柱直径多2cm或为栏板厚度的2倍。地栿雕莲花瓣。

（四）木门窗

门窗形制是中国古代建筑小木作的重要组成部分。广德寺古建筑门窗主要有格字门（清代叫隔扇）、槛窗和牖窗，以明清门窗为主，实用性与装饰性并举，门窗装饰内容丰富多彩。

隔扇由三部分组成，上部为"格心"，中部为"绦环板"，下部为"裙板"。格心用木棂条组成网格（图1-15）。

开启门设有木轴，下部用荷叶墩，上用荷叶栓斗按门轴；开启窗上、下用连槛或木窗台上按轴窝。

八、等级顺序及其构成因素

（一）建筑主体

建筑高度越高，级别越高（除塔、阁）。因高度反映了进深尺寸。广德寺古建筑群中，大雄宝殿等级最高。

（二）屋顶形式

屋顶等级由高到低分别是：重檐庑殿顶、重檐歇山顶、单檐庑殿顶、单檐歇山顶、悬山顶、攒尖顶和卷棚顶；次要屋顶形式有清水脊顶、盝顶和勾连搭顶等。

（三）斗栱

有斗栱建筑的等级高于无斗栱建筑；斗栱铺作（踩数）越多，级别越高；彩栱高于素栱。

（四）走兽

走兽越多，级别越高。

（五）屋面瓦材

屋面瓦材等级由高到低分别是：金黄色琉璃瓦、绿色琉璃瓦、灰筒瓦和小青瓦。

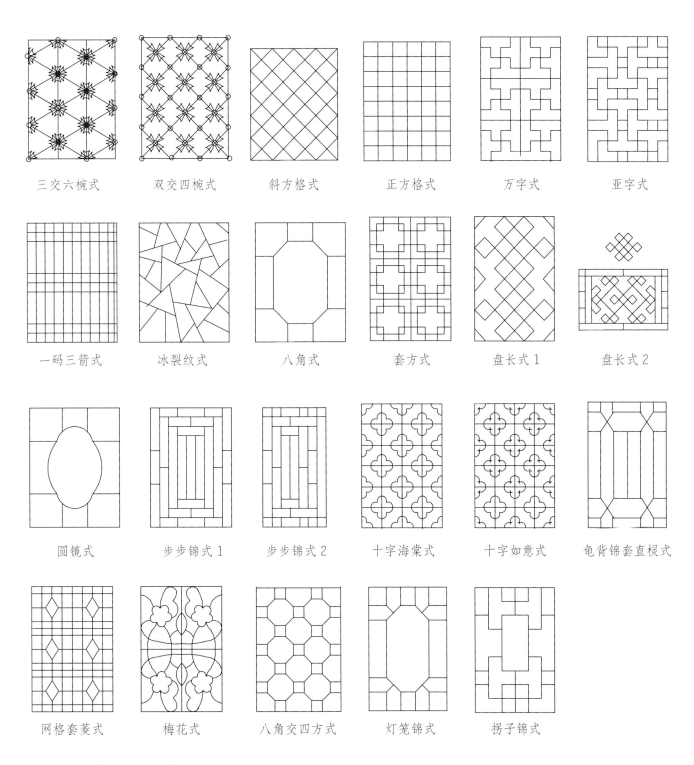

三交六椀式　双交四椀式　斜方格式　正方格式　万字式　亚字式

一码三箭式　冰裂纹式　八角式　套方式　盘长式1　盘长式2

圆镜式　步步锦式1　步步锦式2　十字海棠式　十字如意式　龟背锦套直棂式

网格套菱式　梅花式　八角交四方式　灯笼锦式　拐子锦式

图 1-15 隔扇格心格式示意图

（六）台明

台明（台基）越高，级别越高。

（七）踏跺

踏跺以御路踏跺的级别最高，垂带踏跺次之，如意踏跺和其他踏跺最低。

（八）门槛

门槛具有挡雨水、避邪和聚财的作用，高度为檐柱柱径的十分之八，门槛等级可依据高度和装饰判断。广德寺古建筑中，大雄宝殿门槛等级最高。

（九）建筑位置

位于中轴线中心位置的建筑等级最高，中轴线其他位置为第二层次，中轴线两侧为第三层次，中轴线两侧后部为第四层次。

第二章

古建筑群的科学选址与总体布局

一、科学选址

遂宁广德寺坐西北，向东南，前面环水（小溪沟和广济堰），后有靠山（卧龙山），前方有屏挡邪气，东南"气口"引得紫气东来，即符合佛教寺院选址的"后有靠山，前面有场，左边有水，右边有路"的传统风水理念，又符合左青龙、右白虎、前朱雀、后玄武的风水格局。远离闹市区的古林深处，山坡坡度适宜，环境清幽。"山以水为脉，水以山为面""山得水而活，水得山而媚"，即体现了传统的风水理念，又符合现代建筑学的科学选址观（图2-1、2）。

二、总体布局

遂宁广德寺有指向东南的中轴线，中轴线前端带转折（原前端为穿越古柏林的曲径通幽道路）。

大雄宝殿位于轴线中心，为全寺的中心位置。中轴线上由前向后依次为圆觉桥、哼哈殿、圣旨坊、天王殿、大雄宝殿、玉佛殿、法堂、七佛殿、佛顶阁。前区有放生池。

中轴线东侧的建筑：开光店1、东碑亭、钟楼、大悲殿、燃灯殿、客堂、问本堂。

中轴线西侧的建筑：开光店2、西碑亭、鼓楼、地藏殿、观音殿、善济塔、御印堂。

中轴线东侧后的建筑：六和楼、五观堂、送子殿、广德讲堂、祖堂。

中轴线西侧后的建筑：陈列室、舍利殿、玉皇楼、三十三观音殿、佛学院、闭关房。

中轴线东侧第三层次建筑：慈云楼、厢房（寮房）、佛缘楼、净念居、善行楼、净心楼。

中轴线西侧第三层次建筑：涅槃堂、塔林、念佛堂等。

化僧窑在念佛堂西侧，以山丘相隔。

寺前山门西侧有洗心亭，东侧有醒悟亭等。

整个建筑群主轴线明确，指向东南，巧用地形，建筑层层升高。各单体建筑左右对称，气势壮观，主体凸出，主次分明，符合唐代以后禅宗提倡的"伽蓝七堂"寺院格局（图2-3）。

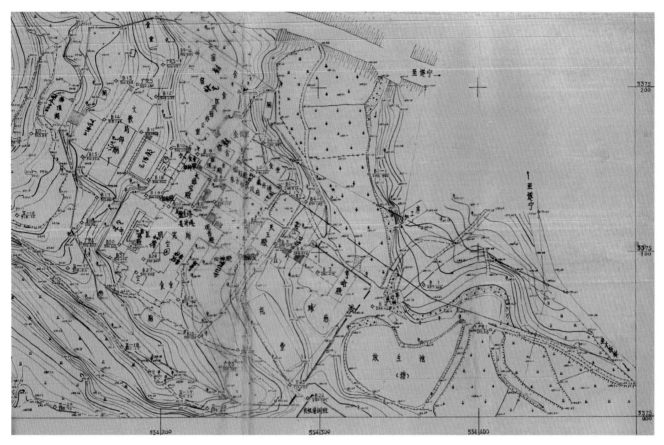

图 2-1 1980 年广德寺地形图

图 2-2 龙首建寺院

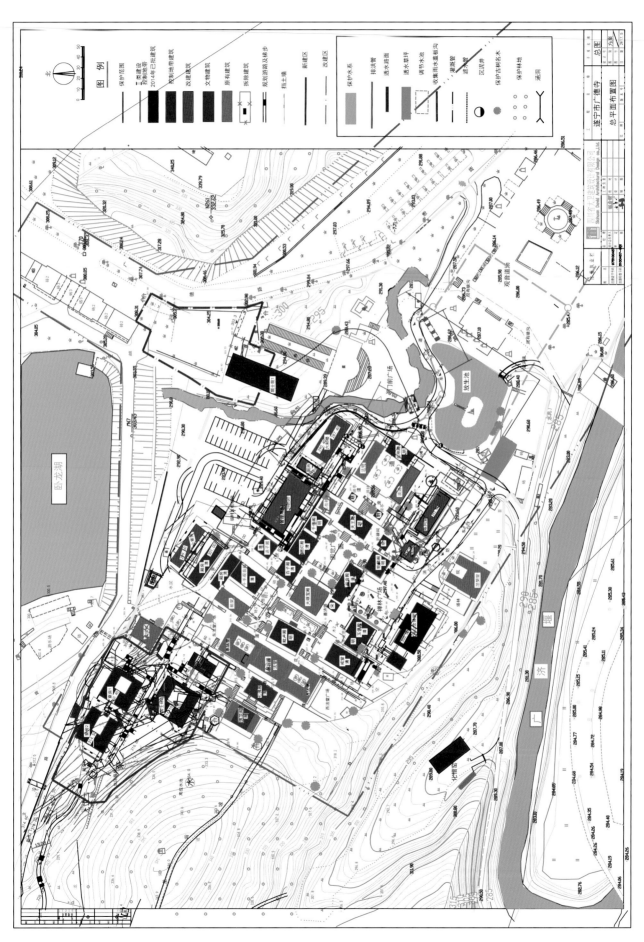

图 2-3　2017 年广德寺总平面图

第三章

古建筑群单体建筑纵览

一、宋代建筑

善济塔

1. 建设年代：宋哲宗元祐元年至徽宗崇宁二年（1086~1103年）。

2. 建筑体量：通面阔4.505米，通进深4.505米，高17.61米，塔刹高2.03米，总高19.985米，建筑面积74.23平方米。

3. 结构形式：砖石结构。

4. 屋顶形式：七重檐攒尖顶。

5. 出檐方式：砖叠砌悬挑。

6. 脊饰：灰塑脊。一、二层戗脊塑草龙，以上有卷草。顶有筒瓦和天神雕塑。塔刹由莲花刹座、宝葫芦和宝瓶组成，其上有"寿"字形金属牌。

7. 上檐出和下檐出：上檐出0.33米，塔基座凸出0.9米。

8. 翼角冲出和起翘：一至六层翼角起翘1.35~1.5米，顶层起翘1.8米。

9. 瓦件类型：顶层灰筒瓦；清水砖墙。

10. 塔面装饰：一层基座，二层有雕纹。供龛内左侧增刻北宋赵嗣业《克幽禅师记》，右侧增刻谢谨《遂州广利禅寺善济塔记》，前供观音像，后题"善济塔"三字。以上各层设佛龛，内供佛像。

11. 楹联：池涌瑞莲观自在，塔藏金骨显克幽。

12. 石刻：善济塔、活菩萨。

《广德寺志》记载，克幽禅师为大唐大历人，得法于益州无相禅师。东川节度使杜公仰其道业，恳请演法于此。正元初入寂，建塔于寺庭之西，遭会昌毁灭，塔圮成池，白莲化生，人骇其异，山谷之间，光相环绕，红云亘天，地布银色，观音圣像仿佛其中。相国琅琊公掘寻灵迹，得钩锁骨如紫金，此皆观音大士化身，复为建塔，立殿其侧（图3-1~8）。

图3-1 善济塔翘角

图3-2 善济塔塔刹

图 3-3 善济塔

图 3-4　1982 年善济塔写生画

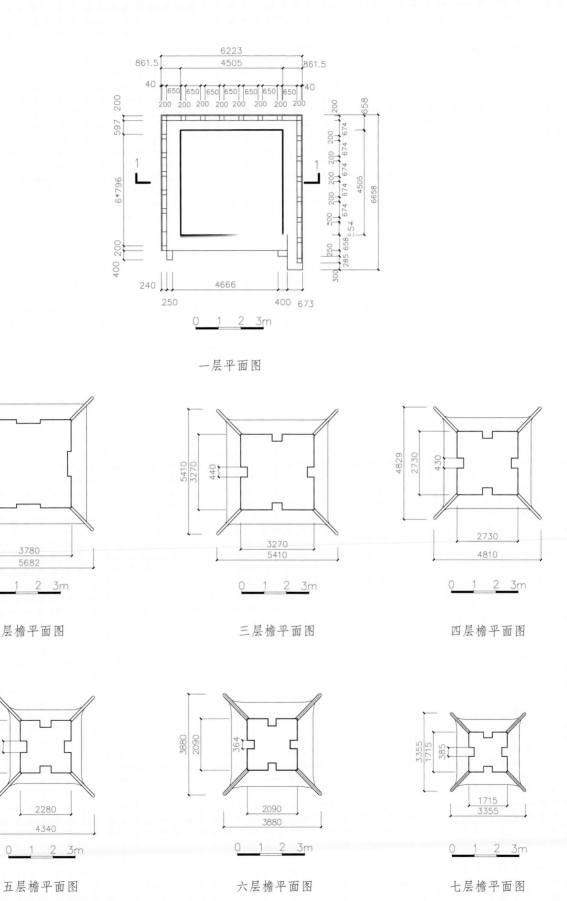

一层平面图

二层檐平面图　　　　　　　三层檐平面图　　　　　　　四层檐平面图

五层檐平面图　　　　　　　六层檐平面图　　　　　　　七层檐平面图

图 3-5　善济塔各层（檐）平面图

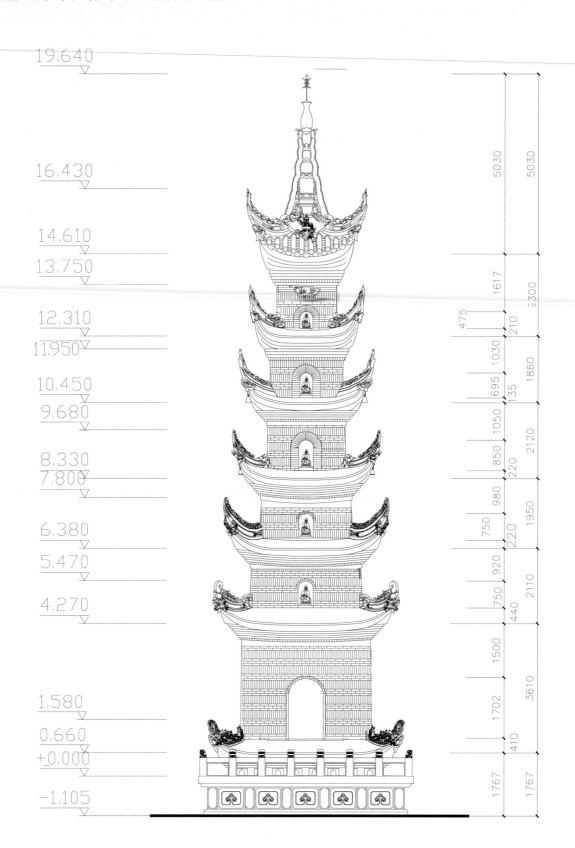

19.640

16.430

14.610

13.750

12.310

11.950

10.450

9.680

8.330

7.800

6.380

5.470

4.270

1.580

0.660

+0.000

−1.105

5030

5030

1617

300

475

210

1030

1860

695

135

1050

2120

850

220

980

1950

750

220

920

2110

750

440

1500

1702

3610

410

1767

1767

0 1 2 3m

图 3-6 善济塔西北立面图

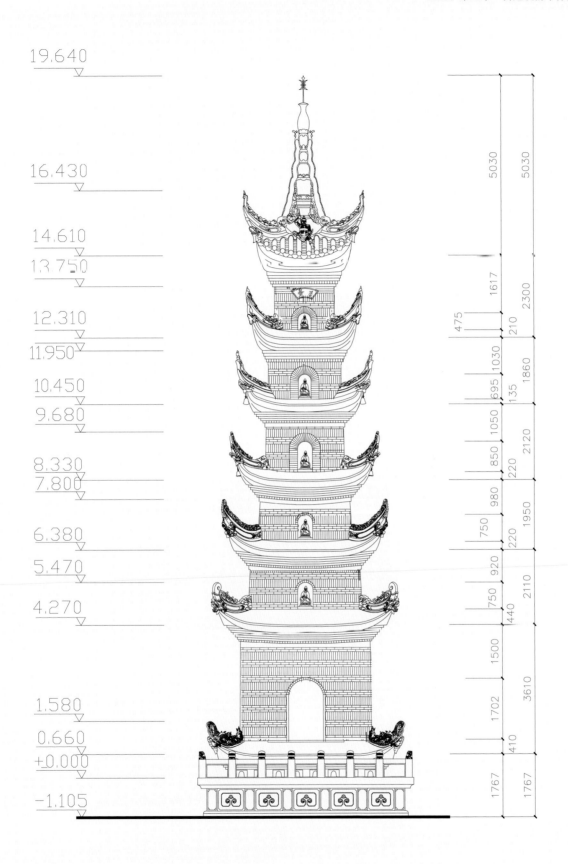

19.640

16.430

14.610

13.750

12.310

11.950

10.450

9.680

8.330

7.800

6.380

5.470

4.270

1.580

0.660

+0.000

-1.105

5030　5030

1617　2300

475　210

1030　1860

695　135

1050　2120

850　220

980　1950

750　220

920　2110

750　440

1500

1702　3610

410

1767　1767

0　1　2　3m

图 3-7　善济塔西南立面图

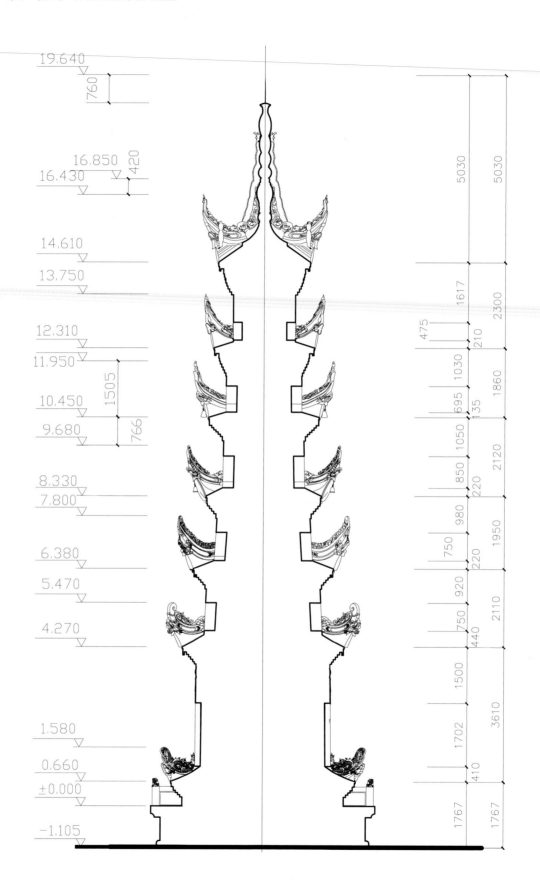

图 3-8 善济塔剖面图

二、明代建筑

（一）哼哈殿

1. 建设年代：明成化六年（1470 年）。曾名金刚殿。

2. 建筑体量：三开间。通面阔 18.33 米，通进深 9.25 米，正脊高 10.44 米，建筑面积 176.23 平方米。

3. 木构架形式：抬梁式，双中柱七檩；檐柱直径 0.36 米，金柱直径 0.5 米，檐柱下部外偏 0.14 米。

4. 屋顶形式：重檐歇山顶。

5. 出檐构件（除檐椽，飞檐椽）：斗栱。

（1）斗栱类型：下檐下为五铺作素斗栱，上檐下为四铺作素斗栱。

（2）斗栱数量：下檐下明间 4 朵，次间 3 朵；上檐下明间 4 朵，次间 2 朵。

（3）斗栱高：下檐斗栱为柱高的 1/5，上檐斗栱为柱高的 1/6。

（4）斗栱下构件：平板枋、额枋、额垫板、小额枋。

6. 脊饰：灰塑脊，脊侧有雕花。正脊兽吻为鸱吻。宝顶为宝瓶、火焰和莲花等组成，有垂兽。

7. 上檐出和下檐出：上檐出 1.46 米，下檐出 1.2 米。

8. 翼角冲出和起翘：翼角冲出不明显。起翘主要靠塑脊起翘，下檐起翘 1.15 米，上檐起翘 1.56 米。

图 3-9　1982 年哼哈殿

9. 瓦件类型：灰筒瓦。

10. 台明高度：0.1 米。

11. 踏跺形式：无。

12. 主供佛像：供奉 3.9 米高的哼将（郑伦）、哈将（陈奇）两大金刚力士。

13. 楹联：灵山起卧龙，石佛开宗，广德显名，独领西南称圣地；

法海腾威象，观音应世，克幽住锡，远承唐宋播禅风。

尊第一禅林，广证菩提弘至德；领诸方佛刹，长扬般若遍慈光。

东眺灵泉，南望普陀，同沐慈光荣鼎足；

唐尊紫诰，宋迎玉印，别开生面灿莲台。

怒目金刚，勇为净界降魔将；威颜武士，忠作丛林护法神。

山起卧龙，智行悲愿禅风旺；寺如舞凤，殿阁楼堂法雨滋。

14. 牌匾：护持净域、慈悲情怀、法雨宏施、法乘远播、鹫岭云峰、人天同归、广德禅寺、
清净庄严（图 3-9~19）。

图 3-10　哼哈殿

图 3-11　哼哈殿斗栱

图 3-12　哼哈殿脊饰（一）

图 3-13　哼哈殿脊饰（二）

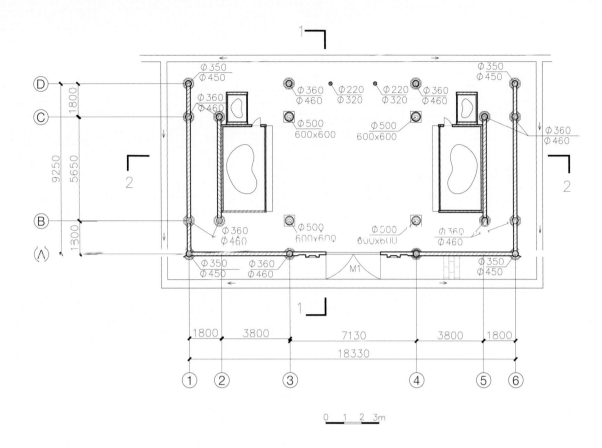

图 3-14　哼哈殿平面图

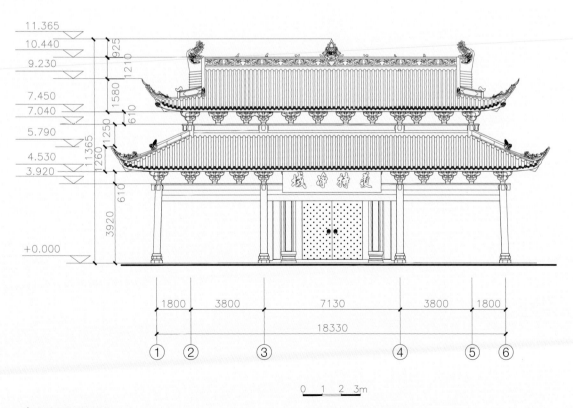

图 3-15　哼哈殿正立面图

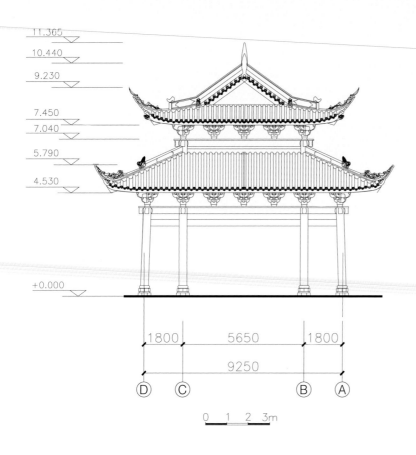

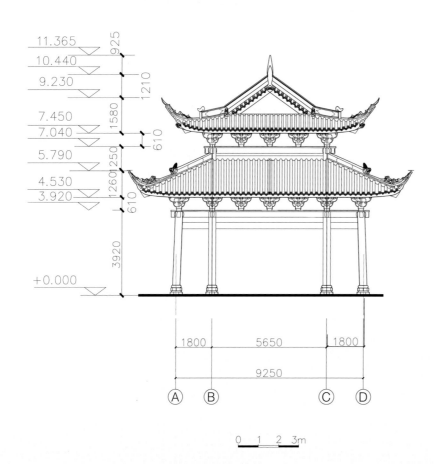 没有

图 3-16　哼哈殿西南侧立面图

图 3-17　哼哈殿东北侧立面图

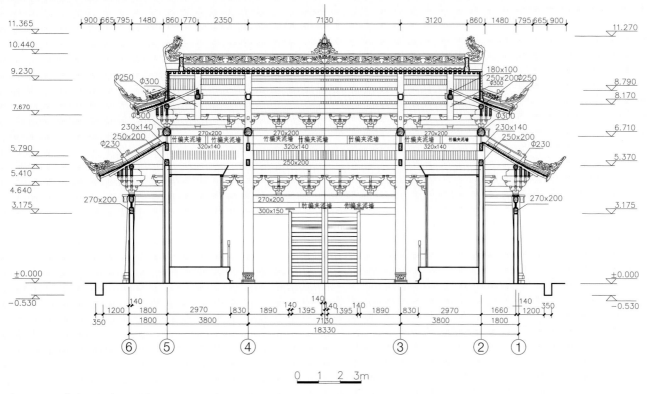

图 3-18　哼哈殿纵剖面图

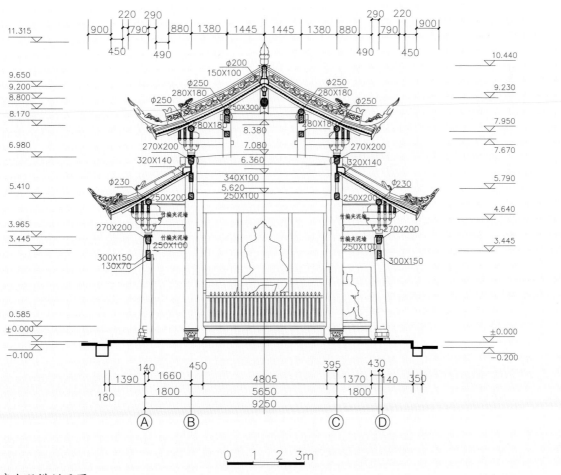

图 3-19　哼哈殿横剖面图

（二）圣旨坊

1. 建设年代：明成化年间（1465~1487 年）。

2. 建筑体量：四柱三间，排架结构。通面阔 9.72 米，明间宽 3.94 米，明间正脊高 7.54 米，边楼正脊高 5.76 米；夹杆石高 1 米，主体正脊高 7.54 米。

3. 木构架形式：抬梁式，一排独柱独木支撑。明间柱下有夹杆石，边柱下有石狮，东雄西雌。

4. 屋顶形式：庑殿顶。

5. 出檐构件（除檐椽，飞檐椽）：斗栱。

（1）斗栱类型：明间为六铺作斗栱，次间为四铺作斗栱。

（2）斗栱数量：明间 3 朵，次间 1 朵。

（3）斗栱下构件：平板枋、额枋、摺桂花板、小额枋。

6. 脊饰：琉璃脊。正脊兽吻为正吻，戗脊有垂兽和仙人加一走兽。

7. 上檐出和下檐出：上檐出 1.25 米，下檐出 1.2 米。

8. 翼角冲出和起翘：翼角冲出不明显，起翘不明显。

9. 瓦件类型：金黄色琉璃瓦。

10. 牌匾：坊正面竖立"圣旨"，下横书"敕赐禅林"。"圣旨""敕赐禅林"原为唐代大书法家颜真卿书，惜已毁；后由书画家吴安和先生复书。

圣旨坊是接圣旨处，为皇帝敕赐予广德寺。一般寺庙接旨在山门外，唯广德寺接旨在寺内（图 3-20~31）。

图 3-20　圣旨坊

图 3-21　1982 年圣旨坊写生画

图 3-22　圣旨坊匾额

图 3-23　圣旨坊脊饰

图 3-24　圣旨坊斗栱

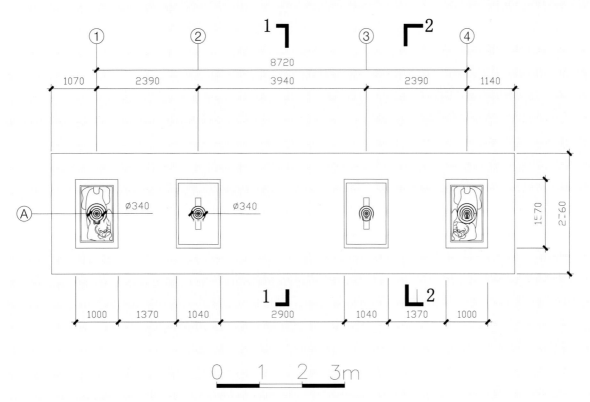

图 3-25 圣旨坊平面图

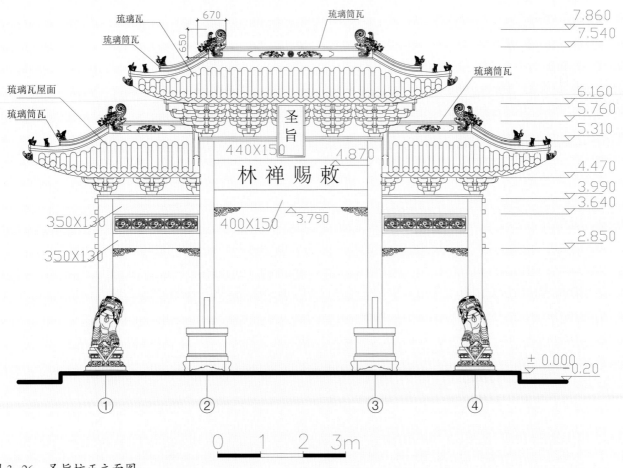

图 3-26 圣旨坊正立面图

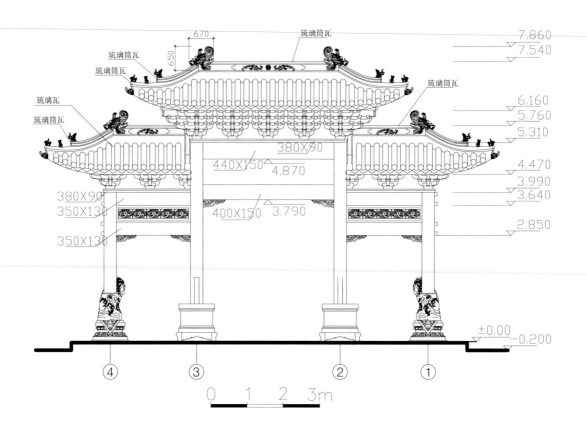

图 3-27　圣旨坊背立面图

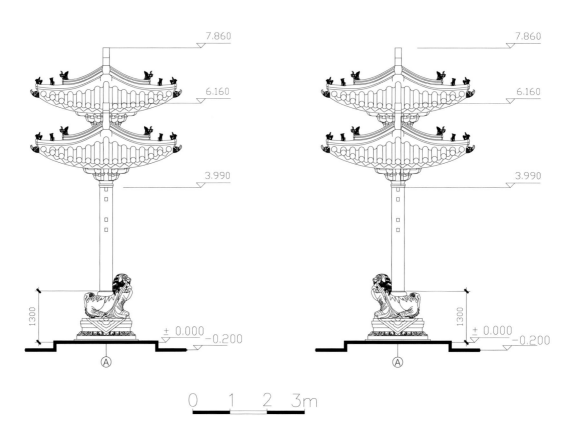

图 3-28　圣旨坊东、西侧立面图

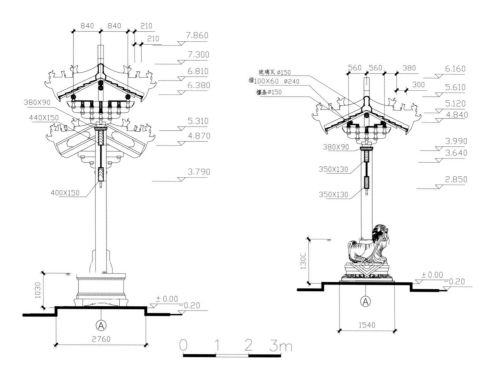

图 3-29　圣旨坊剖面图

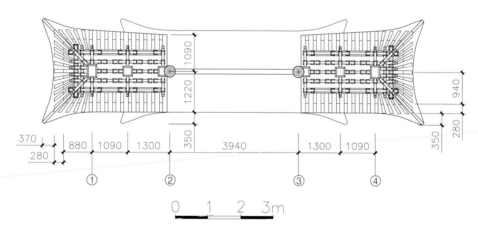

图 3-30　圣旨坊一层檐仰视图

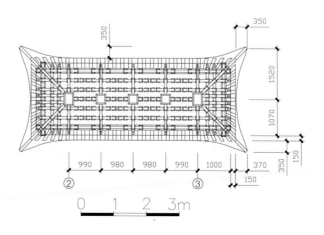

图 3-31　圣旨坊二层檐仰视图

（三）天王殿

1. 建设年代：明洪武至宣德年间（1368-1435 年）。

2. 建筑体量：二层楼，五开间。通面阔 20.55 米，通进深 11.2 米，正脊高 11.96 米。一楼建筑面积 237.84 平方米，二楼建筑面积 154.46 平方米。

3. 木构架形式：抬梁式，一楼明间五柱五双檩；檐柱直径 0.3~0.35 米，金柱直径 0.28 米，中柱直径 0.41~0.51 米。楼上四柱七檩。

4. 屋顶形式：重檐歇山顶（局部二层楼）。

5. 出檐构件（除檐椽，飞檐椽）：下檐斗栱，上檐挑枋。

（1）斗栱类型：下檐下为四铺作素斗栱。

（2）斗栱数量：上檐下明间 3 朵，次间 2 朵。

（3）斗栱高：下檐斗栱为柱高的 1/10.6。

（4）斗栱下构件：平板枋、额枋、填缝板、下檩。

6. 脊饰：陶塑脊，脊侧塑回纹。正脊兽吻为正吻。宝顶为方亭，饰多重莲花和卷草，有垂兽；维修后加仙人和走兽。

7. 上檐出和下檐出：上檐出 1.62 米，下檐出 1.33 米。

8. 翼角冲出和起翘：翼角冲出不明显。起翘主要靠塑脊起翘，下檐起翘 0.15 米，上檐起翘 0.2 米。角梁沿袭宋制，老角梁上加仔角梁。

图 3-32　天王殿

图 3-33 天王殿斗栱　　　　　　　　　　　图 3-34 天王殿翘角（维修前）

图 3-35 天王殿脊饰（维修前）

9. 瓦件类型：灰筒瓦。

10. 台明高度：0.44 米。

11. 踏跺形式：垂带踏跺。

12. 主供佛像：正面供奉 2.2 米高弥勒菩萨，背面供奉 2.3 米高韦陀菩萨，东、西分列高 4.8 米的四大天王像。

13. 楹联：强笑终朝，料乐群生迁善；能容四象，达成万法归宗。

　　　　　开口便笑，笑古笑今，我笑尔笑，凡事谦恭须一笑；

　　　　　大肚能容，容天容地，你容他容，对人忍让应多容。

　　　　　法布慈云，琴剑伞龙安四大；德存慧海，乐常我净仰天王。

14. 牌匾：西来第一禅林、戒德高广、兜率天、律苑重辉、弘宗演教、三洲感应、广演妙德、六和僧伽、行菩萨道、心灵感通（图 3-32~45，其中图 3-36~45 为修缮方案图）。

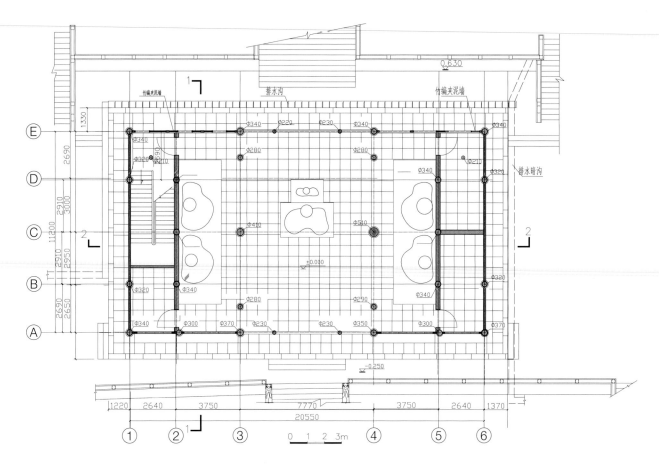

图 3-36 天王殿一层平面图

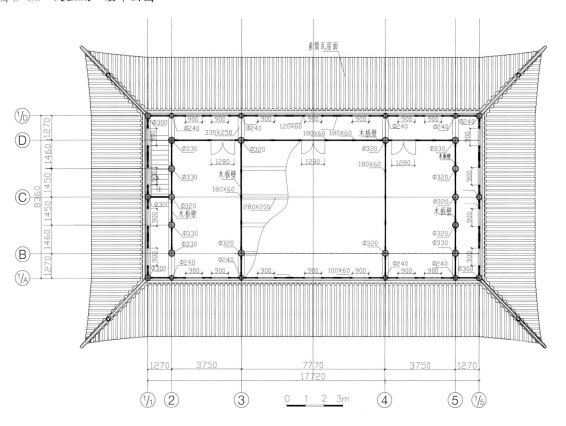

图 3-37 天王殿二层平面图

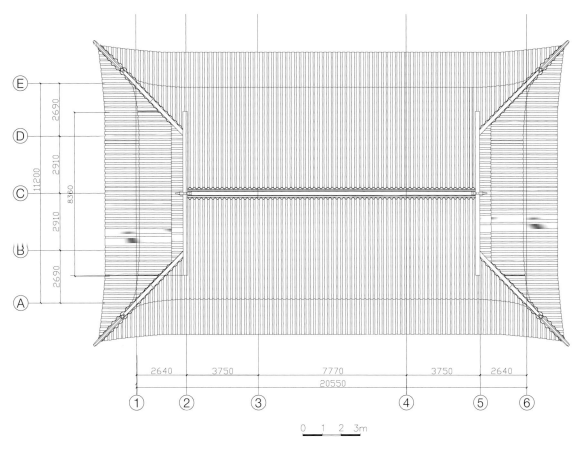

图 3-38 天王殿屋顶平面图

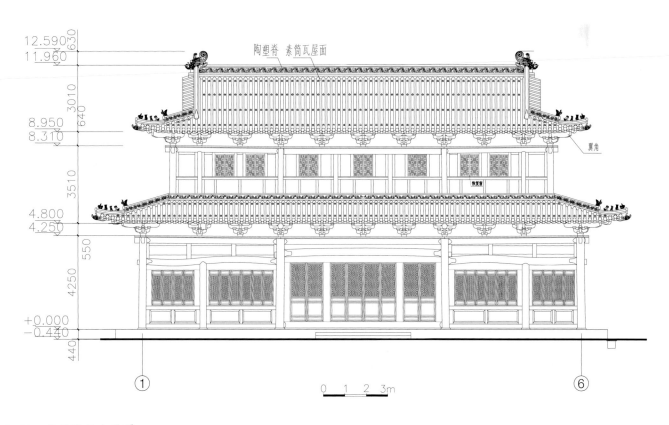

图 3-39 天王殿正立面图

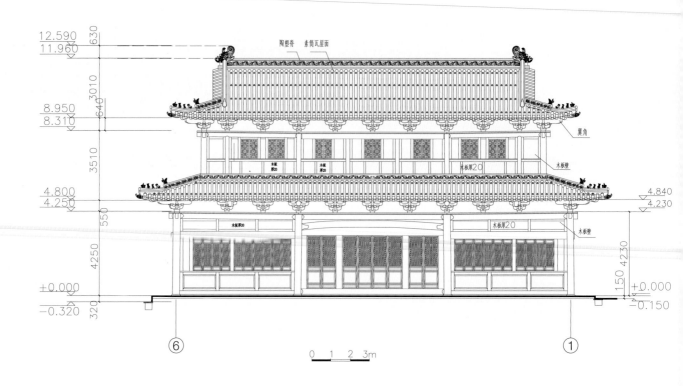

图 3-40　天王殿背立面图

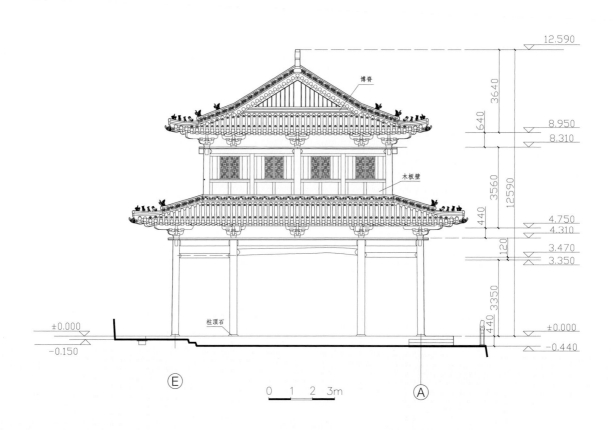

图 3-41　天王殿西侧立面图

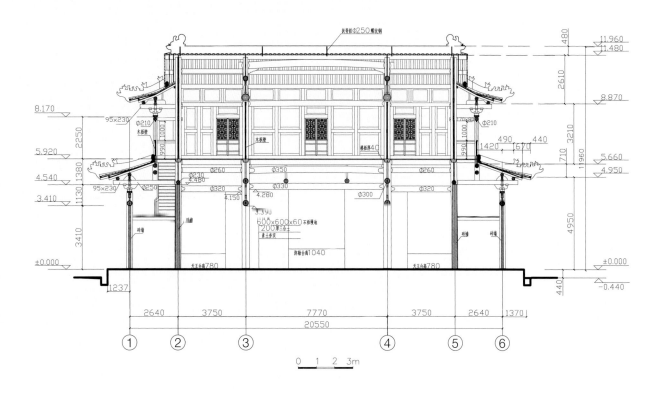

图 3-42 天王殿纵剖面图

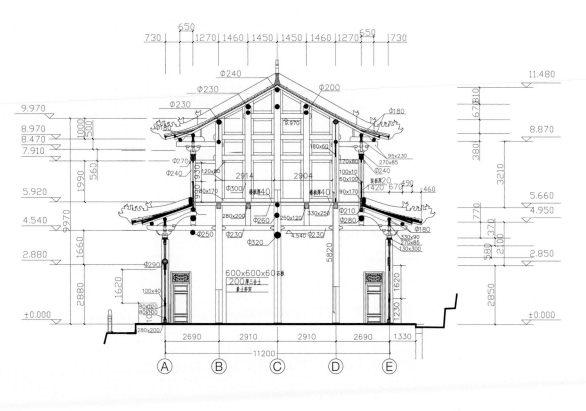

图 3-43 天王殿横剖面图

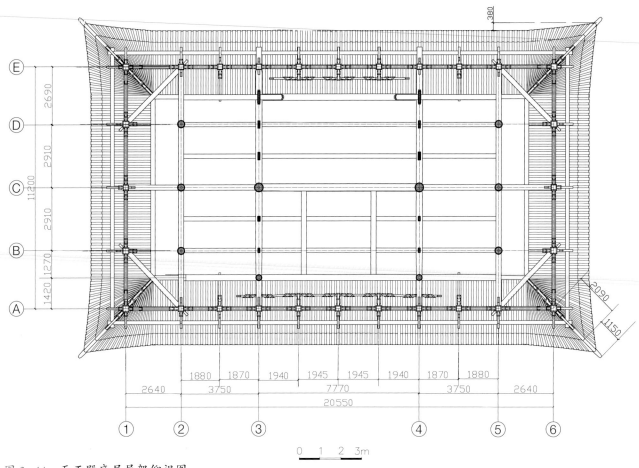

图 3-44　天王殿底层屋架仰视图

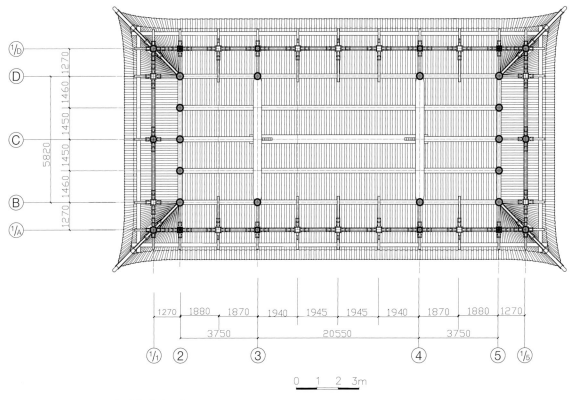

图 3-45　天王殿二层屋架仰视图

（四）东碑亭

1. 建设年代：明成化年间（1465~1487 年）。

2. 建筑体量：单开间，通面阔 4.9 米，通进深 4.9 米，正脊高 7.5 米，建筑面积 26.42 平方米。

3. 木构架形式：双围柱，檐柱直径 0.27 米，金柱直径 0.32 米。

4. 屋顶形式：重檐歇山顶。

5. 出檐构件（除檐椽，飞檐椽）：斗栱。

（1）斗栱类型：五铺作斗栱。

（2）斗栱数量：明间 2 朵。

（3）斗栱下构件：平板枋、额枋。

6. 脊饰：琉璃脊。正脊兽吻为正吻。无宝顶。有仙人、二走兽。

7. 上檐出和下檐出：上檐出 0.8 米，下檐出 0.8 米。

8. 翼角冲出和起翘：翼角冲出不明显。

9. 瓦件类型：金黄色琉璃瓦。

10. 台明高度：0.2 米。

11. 柱顶石：半鼓形。

12. 碑刻：亭内立明碑，碑长 1.5、宽 0.2、高 2.2 米。此碑正面刻《广利寺记》，于 1492~1513 年间由明朝武英殿大学士邑人席书撰写；背面刻有《广德寺碑阴记》，由明代探花及第邑人杨名撰写（图 3-46~60）。

图 3-46　1982 年东碑亭

图 3-47　东碑亭

图 3-48　东碑亭脊饰（一）

图 3-49　东碑亭脊饰（二）

图 3-50　东碑亭斗栱（一）

图 3-51　东碑亭斗栱（二）

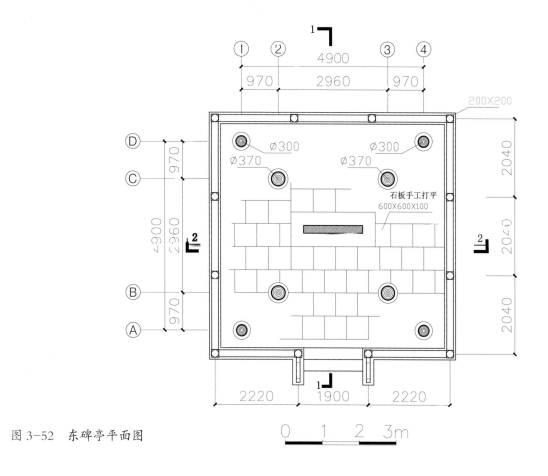

图 3-52　东碑亭平面图

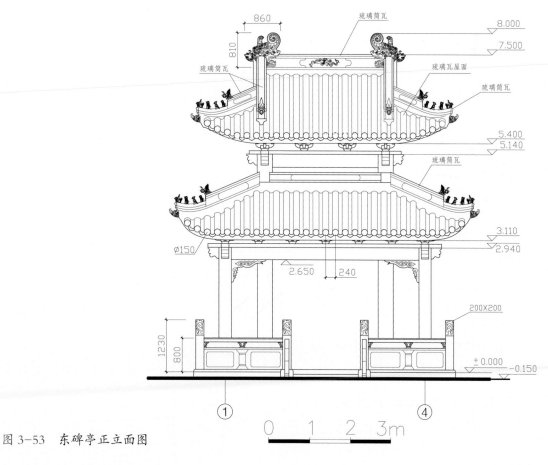

图 3-53　东碑亭正立面图

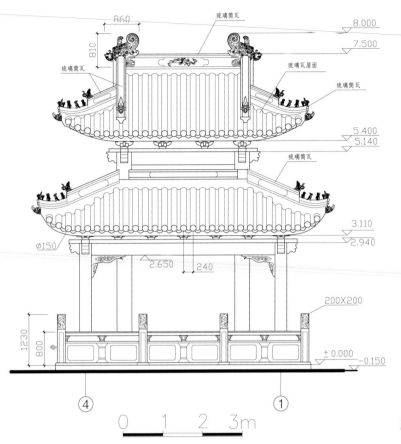

图 3-54　东碑亭背立面图

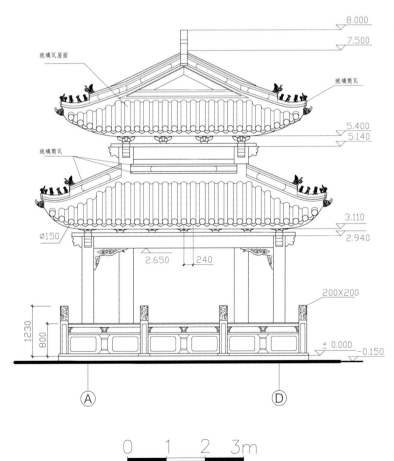

图 3-55　东碑亭侧立面图

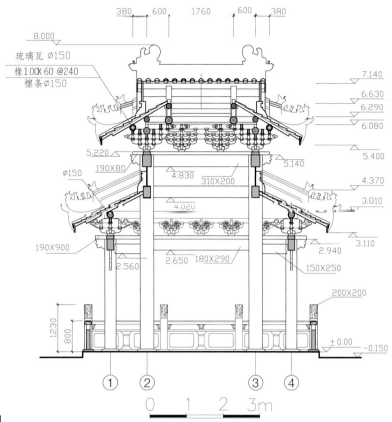

图 3-56　东碑亭纵剖面图

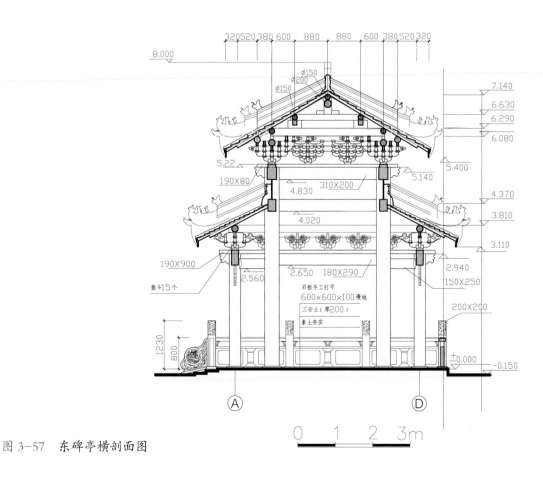

图 3-57　东碑亭横剖面图

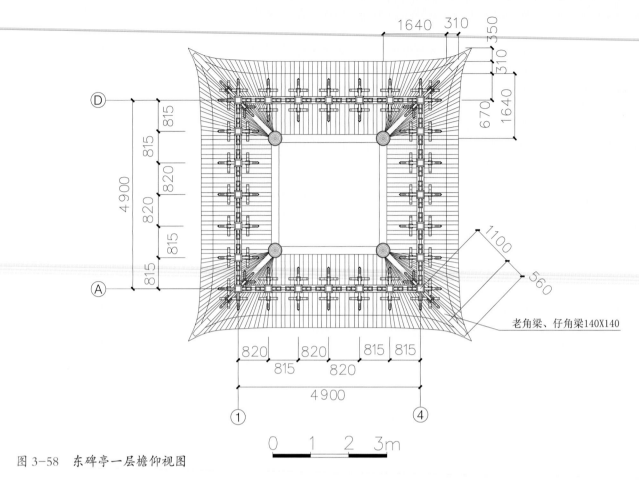

图 3-58　东碑亭一层檐仰视图

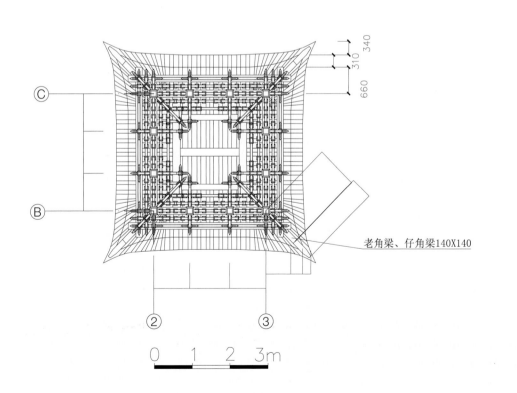

图 3-59　东碑亭二层檐仰视图

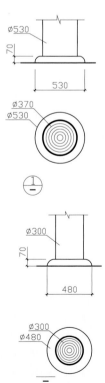

图 3-60　东碑亭柱顶石

（五）西碑亭

1. 建设年代：明成化年间（1465~1487 年）。

2. 建筑体量：单开间，通面阔 4.9 米，通进深 4.9 米，正脊高 7.5 米，建筑面积 26.42 平方米。

3. 木构架形式：双围柱，檐柱直径 0.27 米，金柱直径 0.32 米。

4. 出檐构件（除檐椽，飞檐椽）：斗栱。

5. 脊饰：琉璃脊。正脊兽吻为正吻，无宝顶。有仙人、三走兽。

6. 上檐出和下檐出：上檐出 0.8 米，下檐出 0.8 米。

7. 翼角冲出和起翘：翼角冲出不明显。

8. 瓦件类型：金黄色琉璃瓦。

9. 台明高度：0.2 米。

10. 碑刻：亭内立明碑，碑长 1.5、宽 0.21、高 2.3 米。正面碑文《增修广德寺记》于嘉庆二十九年由明代杨名撰写；碑背面刻有《广利禅寺兴造记》（图 3-61~63，平、立、剖面图等参见图 3-52~60）。

图 3-61 西碑亭

图 3-62　西碑亭脊饰

图 3-63　西碑亭斗栱

（六）玉佛殿

1. 建设年代：明洪武至宣德年间（1368~1435 年）。明代曾名毗卢殿。

2. 建筑体量：五开间。通面阔 21.85 米，通进深 13.5 米，正脊高 10.24 米，建筑面积 303.52 平方米。

3. 木构架形式：抬梁式，五柱九檩；檐柱直径 0.4 米，金柱直径 3.6 米。

4. 屋顶形式：单檐歇山顶。

5. 出檐构件（除檐椽，飞檐椽）：斗栱，挑枋。前檐及转角斗栱，其余挑枋。

（1）斗栱类型：五铺作带斜栱素斗栱。

（2）斗栱数量：前檐明间 3 朵，次间 2 朵。

（3）斗栱高：下檐斗栱为柱高的 1/10.6。

（4）斗栱下构件：平板枋、额枋、填缝板、下檩。

6. 脊饰：灰塑脊，脊侧有雕花。正脊兽吻为鱼龙吻，宝瓶宝顶，无垂兽。

7. 上檐出和下檐出：上檐出 1.4 米，下檐出 1.25 米。

8. 翼角冲出和起翘：翼角冲出不明显。起翘主要靠塑脊起翘，屋面起翘 0.34 米，戗脊起翘 1.6 米。

9. 瓦件类型：小青瓦。

10. 门槛高度：0.26 米。

11. 主供佛像：中间供奉 3.6 米高释迦牟尼佛、左侧供奉 3 米高文殊菩萨、右侧供奉 3 米高普贤菩萨，另有高 0.3 米的药师佛 999 尊。

12. 楹联：天龙八部皆欢喜，昼夜六时恒吉祥。

　　　　得师利吉祥，无烦无恼；随普贤行愿，有悟有成。

　　　　美好人间，免难消灾臻福寿；琉璃世界，放光现瑞播祥和。

　　　　礼华严界，祈和平永驻；拜药师尊，祝福寿绵长。

图 3-64　玉佛殿

惠泽人间臻福寿，光明天下遍琉璃。

法音宣演三界震，妙相庄严众生钦。

13. 牌匾：福寿康宁、玉佛西来、药师海会（图 3-64~75）。

图 3-65 玉佛殿翘角

图 3-66 玉佛殿脊饰

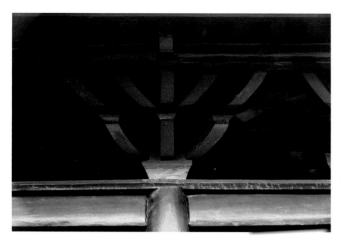

图 3-67 玉佛殿斗栱（一）

图 3-68 玉佛殿斗栱（二）

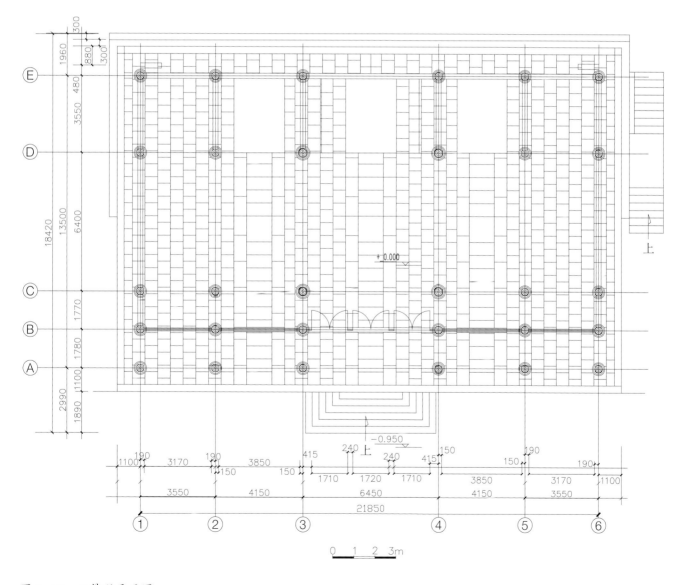

图 3-69 玉佛殿平面图

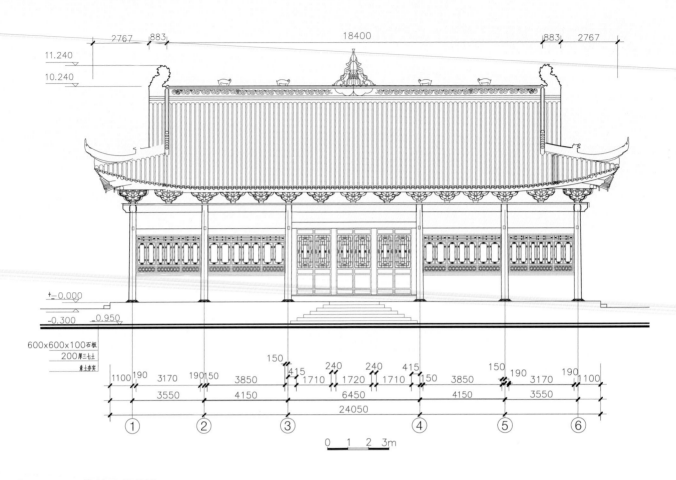

图 3-70 玉佛殿正立面图

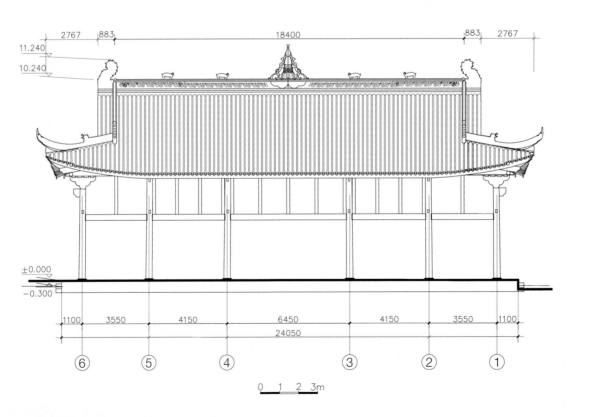

图 3-71 玉佛殿背立面图

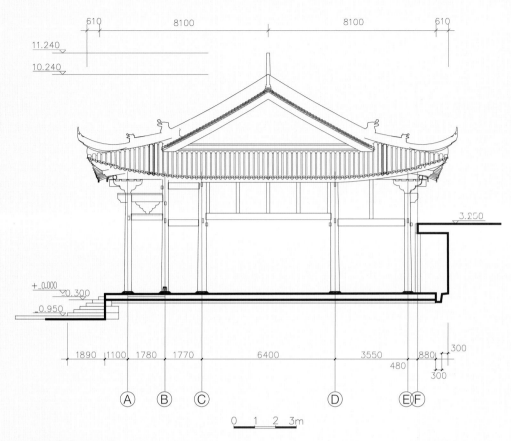

图 3-72　玉佛殿东侧立面图

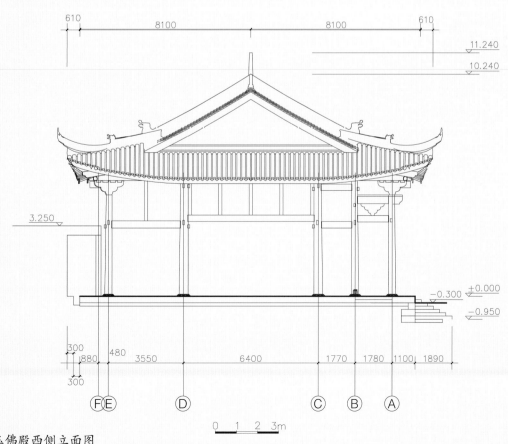

图 3-73　玉佛殿西侧立面图

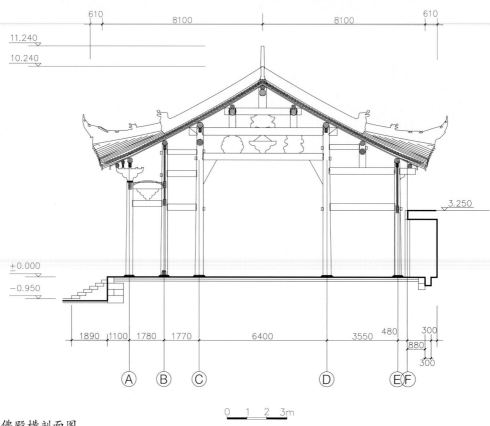

图 3-74 玉佛殿横剖面图

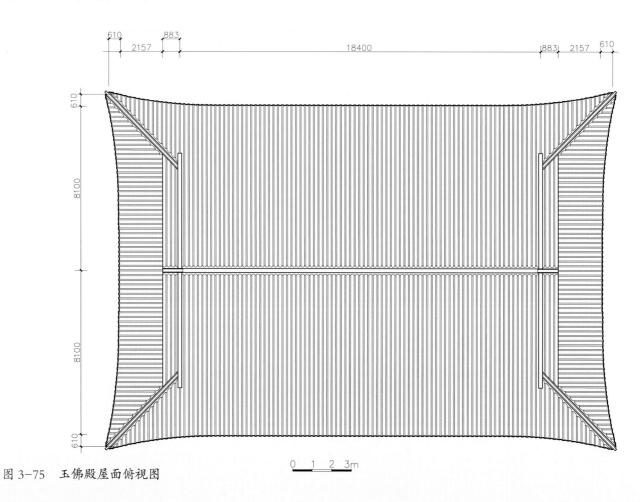

图 3-75 玉佛殿屋面俯视图

（七）鼓楼

1. 建设年代：明正统年间（1436~1449 年）。曾名药王殿、祈禄殿、南岳殿。

2. 建筑体量：三开间。通面阔 7.85 米，通进深 7.2 米，正脊高 11.9 米，建筑面积 145.39 平方米。

3. 木构架形式：抬梁式，四柱七檩；檐柱直径 0.38~0.4 米，金柱直径 0.5~0.62 米。

4. 屋顶形式：三重檐歇山顶。

5. 出檐构件（除檐椽，飞檐椽）：斗栱。

（1）斗栱类型：下檐下为六铺作素斗栱，上檐下为五铺作素斗栱。

（2）斗栱数量：下檐下明间 2 朵，次间 2 朵。

（3）斗栱高：下檐斗栱为柱高的 1/5.2。

（4）斗栱下构件：普柏枋。

6. 脊饰：琉璃脊，脊侧有雕龙。正脊兽吻为正吻。宝瓶宝顶，无垂兽。上戗脊有兽头，下戗脊有跑龙。

7. 上檐出和下檐出：上檐出 1.58 米。

8. 翼角冲出和起翘：翼角冲出不明显。起翘主要靠塑脊起翘，下檐起翘 0.92 米，上檐起翘 1.06 米。角梁沿袭宋制。

9. 瓦件类型：金黄色琉璃瓦。

10. 门槛高度：0.28 米。

11. 主供佛像：曾供奉地藏菩萨，现供奉高 2 米的药王菩萨。

12. 楹联：水鸟风林求妙谛，晨钟暮鼓是梵音。

13. 牌匾：警觉尘凡、法鼓（图 3-76~85）。

图 3-76　鼓楼

图 3-77　鼓楼脊饰

图 3-78　鼓楼斗栱

图 3-79　鼓楼翘角

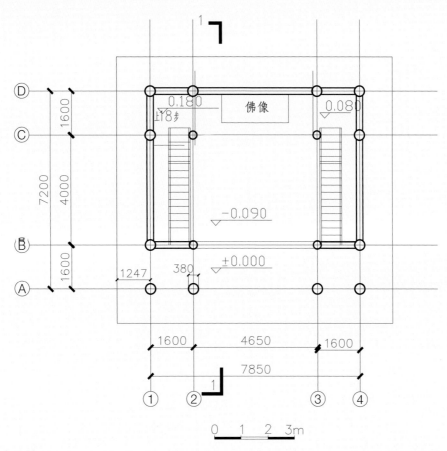

图 3-80 鼓楼一层平面图

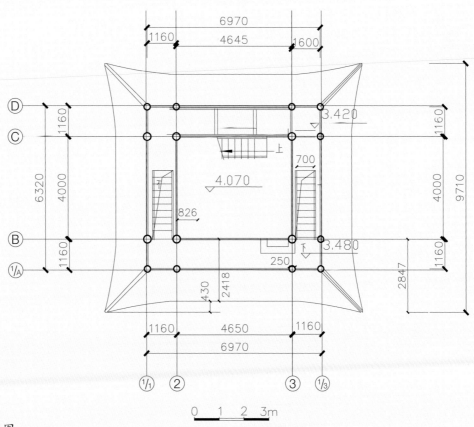

图 3-81 鼓楼二层平面图

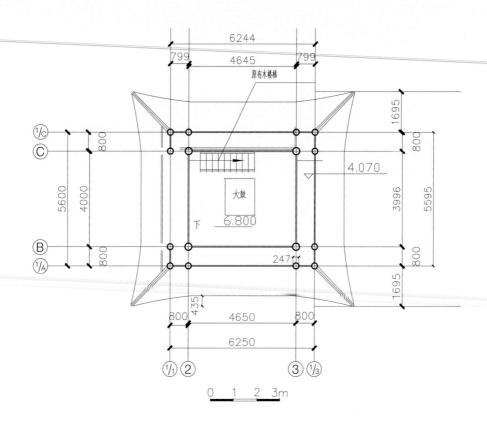

图 3-82　鼓楼三层平面图

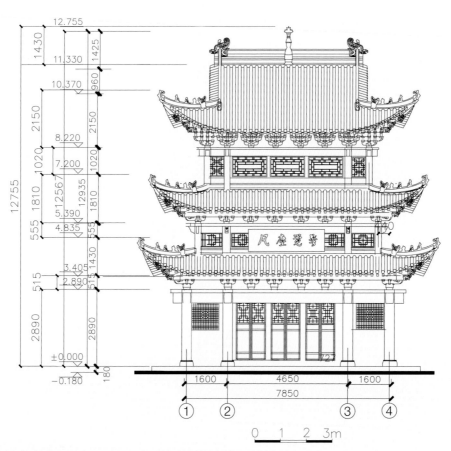

图 3-83　鼓楼正立面图

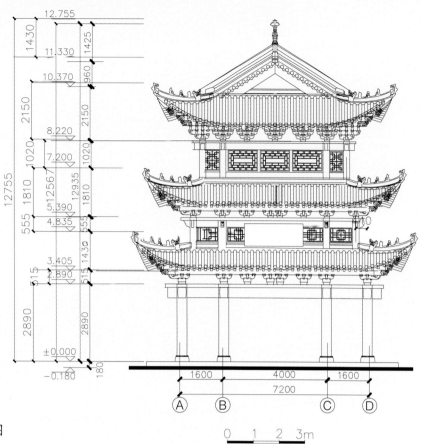

图 3-84　鼓楼侧立面图

0　1　2　3m

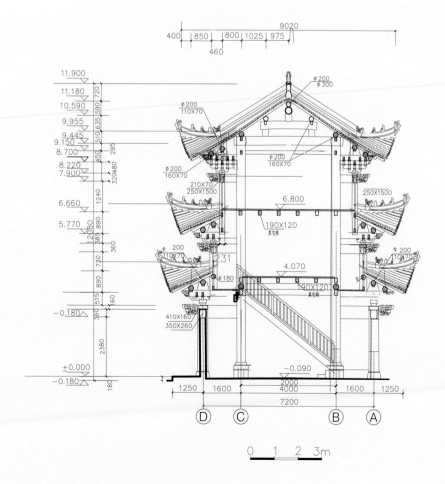

图 3-85　鼓楼剖面图

0　1　2　3m

（八）大悲殿

1. 建设年代：明洪武至宣德年间（1368~1435 年）。曾名千佛阁。

2. 建筑体量：三开间。通面阔 12.2 米，通进深 11.2 米，正脊高 12.05~12.2 米，建筑面积 142.31 平方米。

3. 木构架形式：抬梁式，四柱七檩。檐柱直径 0.38~0.4 米，金柱直径 0.5~0.62 米。

4. 屋顶形式：重檐歇山顶。

5. 出檐构件（除檐椽，飞檐椽）：斗栱。

（1）斗栱类型：下檐下为六铺作素斗栱，上檐下为五铺作素斗栱。

（2）斗栱数量：下檐下明间 2 朵，次间 2 朵。

（3）斗栱高：下檐斗栱为柱高的 1/5.2。

（4）斗栱下构件：普柏枋。

6. 脊饰：灰塑脊，正脊侧灰塑"龙夺宝"。正脊兽吻为正吻。宝瓶宝顶，无垂兽。上戗脊有兽头，下戗脊有跑龙。

7. 上檐出和下檐出：上檐出 1.58 米。

8. 翼角冲出和起翘：翼角冲出不明显。起翘主要靠塑脊起翘，下檐起翘 0.92 米，上檐起翘 1.06 米。角梁沿袭宋制。

9. 瓦件类型：小青瓦。

图 3-86 大悲殿

图 3-87　大悲殿斗栱

图 3-88　大悲殿翘角

图 3-89　大悲殿脊饰（一）

图 3-90　大悲殿脊饰（二）

10. 台明高度：无。

11. 踏跺形式：无。

12. 门槛高度：0.3 米。

13. 柱顶石：八角形上加鼓形，高 0.3 米。

14. 主供佛像：供奉乌木千手观音，圣像加莲台共 7.56 米，其中观音像高 6.19 米。

15. 楹联：千手异执，千眼同观，无非幻化；大悲拔苦，大慈予乐，总是菩提。

16. 牌匾：大悲殿、续佛慧命、大观自在（图 3-86~98）。

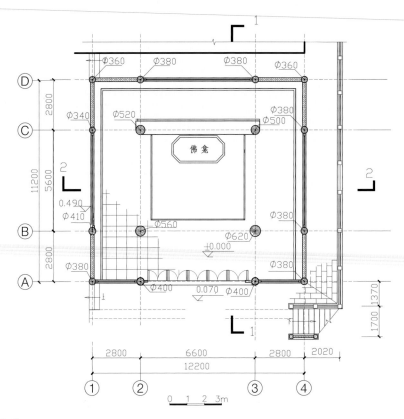

图 3-91　大悲殿平面图

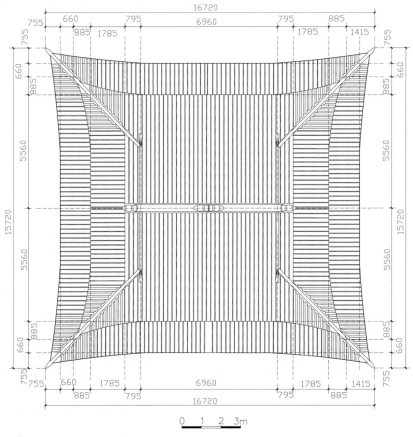

图 3-92　大悲殿俯视图

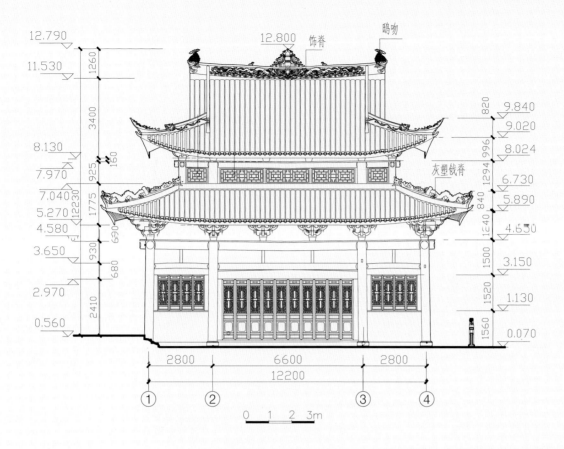

图 3-93　大悲殿正立面图

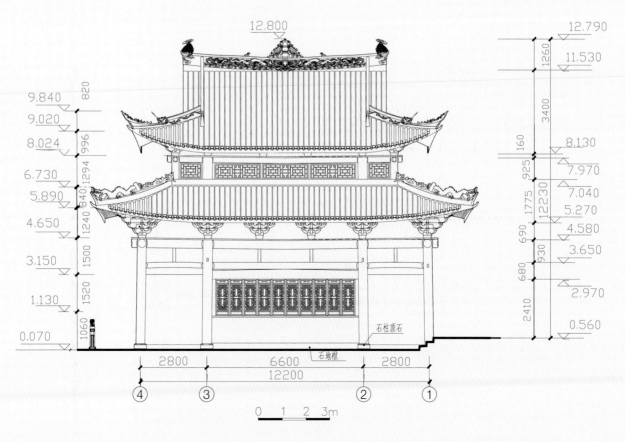

图 3-94　大悲殿背立面图

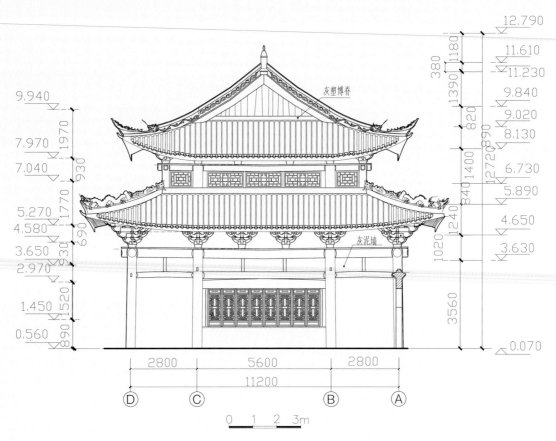

图 3-95 大悲殿北侧立面图

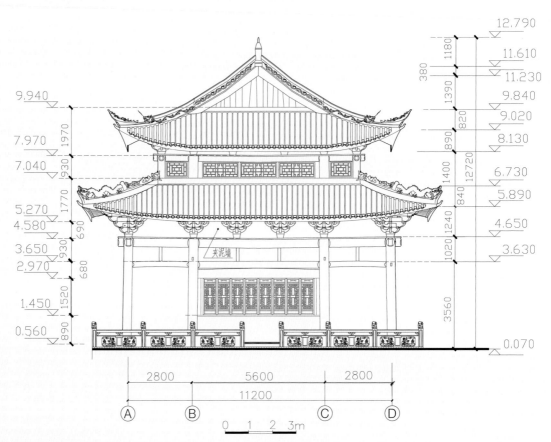

图 3-96 大悲殿南侧立面图

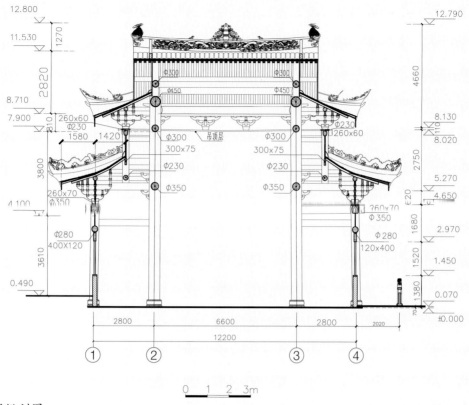

图 3-97 大悲殿纵剖图

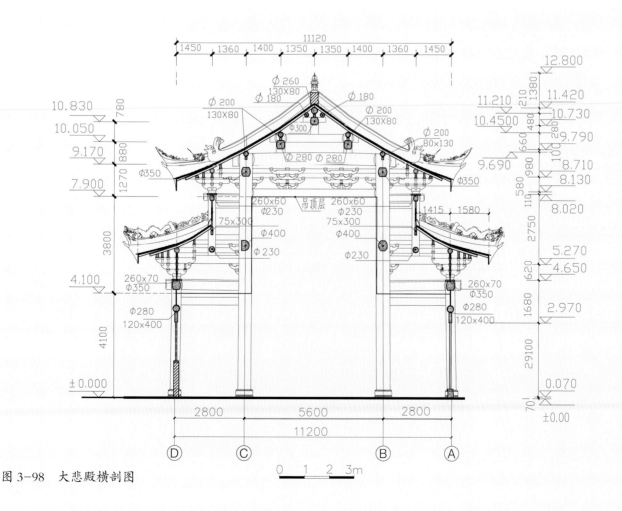

图 3-98 大悲殿横剖图

（九）地藏殿

1. 建设年代：明洪武至宣德年间（1368~1435年）。曾名轮藏殿。

2. 建筑体量：三开间。通面阔13.17米，通进深12.47米，正脊高12.2米，建筑面积170.44平方米。

3. 木构架形式：抬梁式，双中柱九檩。檐柱直径0.42~0.43米，金柱直径0.43~0.46米。

4. 屋顶形式：重檐歇山顶。

5. 出檐构件（除檐椽，飞檐椽）：斗栱。

（1）斗栱类型：前檐下为五铺作素斗栱，后檐下为五铺作带斜栱素斗栱。

（2）斗栱数量：下檐下明间2朵，次间1朵；上檐下明间2朵。

（3）斗栱高：下檐斗栱为柱高的1/6.3。

（4）斗栱下构件：普柏枋，下为阑额。

6. 脊饰：陶塑脊，脊侧有雕花。正脊兽吻为正吻，无宝顶，有垂兽；戗脊有望兽、仙人和三走兽。

7. 上檐出和下檐出：上檐出1.4米，下檐出1.22米。

8. 翼角冲出和起翘：翼角冲出不明显。起翘主要靠塑脊起翘，下檐起翘0.23米，上檐起翘0.29米。角梁沿袭宋制。

9. 瓦件类型：小青瓦。

10. 台明高度：0.1米。

11. 踏跺形式：无。

12. 门槛高度：0.265米。

13. 主供佛像：供奉3.28米高的地藏菩萨四面像。

14. 楹联：众生度尽方证菩提，地狱未空誓不成佛。

15. 牌匾：地藏殿（图3-99~109，其中图3-103~109为修缮方案图）。

图3-99　地藏殿

图 3-100　地藏殿斗栱

图 3-101　地藏殿翘角

图 3-102　地藏殿脊饰

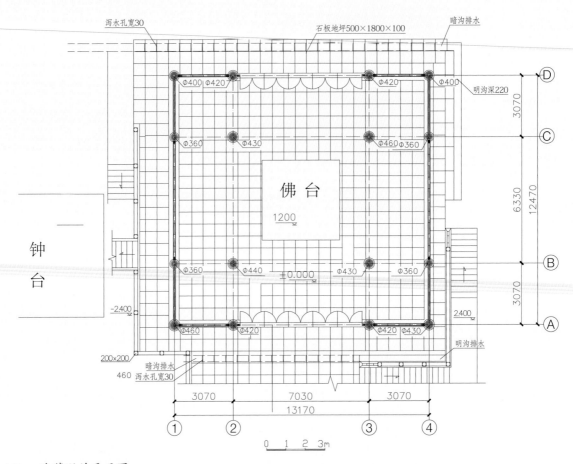

泻水孔宽30　　　　　　石板地坪500×1800×100　　暗沟排水

Φ400　Φ420　Φ420　Φ400　明沟深220

Φ360　Φ430　Φ460　Φ360

佛台

1200

钟台

±0.000

Φ360　Φ440　Φ430　Φ360

2.400

-2.400

200×200　暗沟排水
460　泻水孔宽30

Φ460　Φ420　Φ420　Φ430　明沟排水

3070　　　7030　　　3070

13170

① ② ③ ④

Ⓓ Ⓒ Ⓑ Ⓐ

3070　6330　3070

12470

0　1　2　3m

图 3-103　地藏殿总平面图

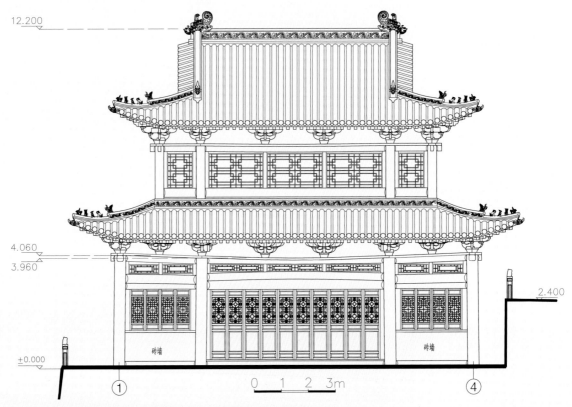

12.200

4.060
3.960

2.400

±0.000

砖墙　　　　　砖墙

①　　0　1　2　3m　　④

图 3-104　地藏殿正立面图

86

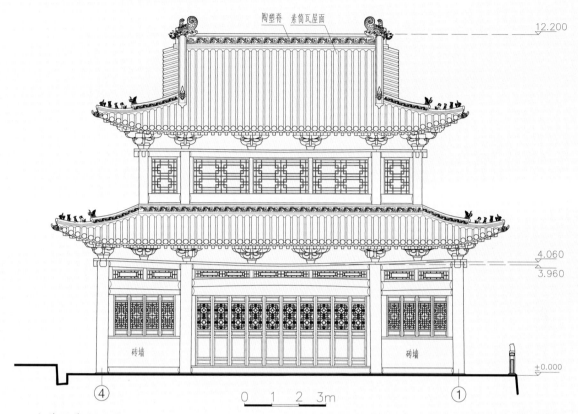

图 3-105 地藏殿背立面图

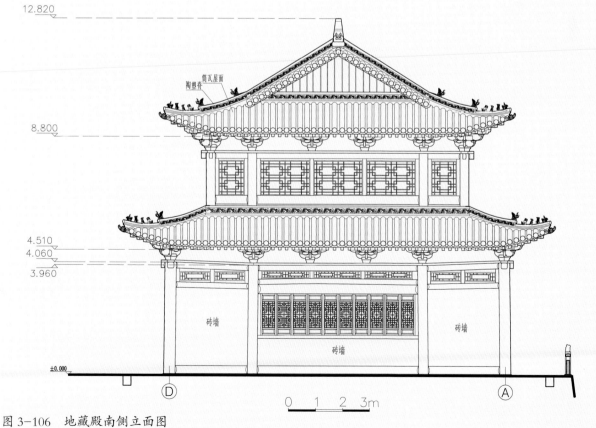

图 3-106 地藏殿南侧立面图

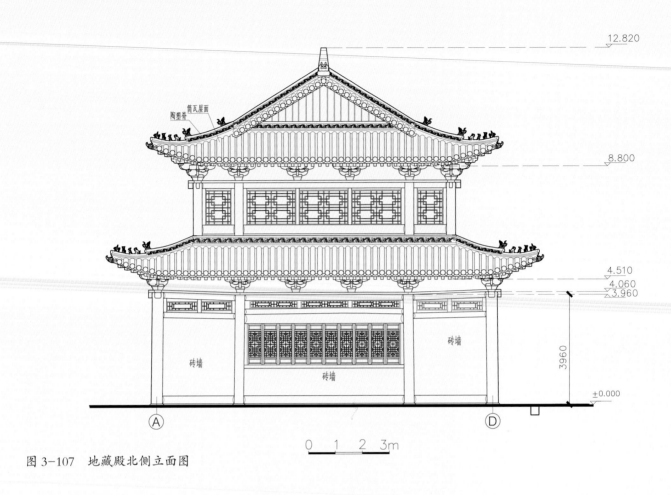

图 3-107　地藏殿北侧立面图

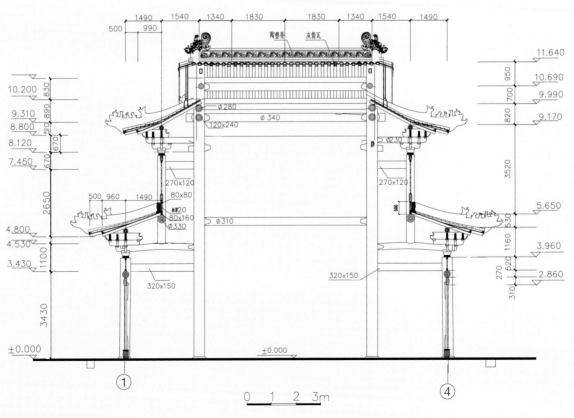

图 3-108　地藏殿纵剖面图

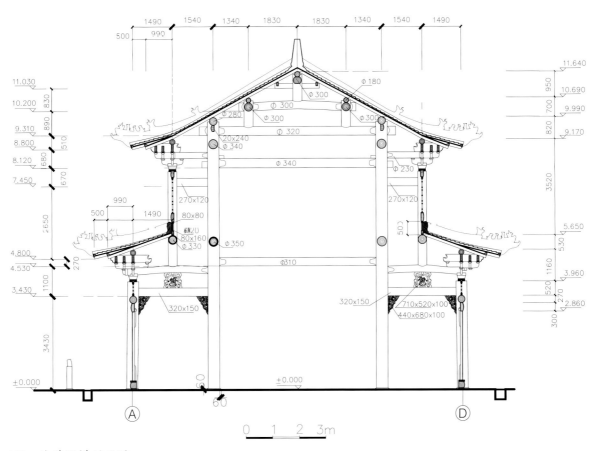

图 3-109 地藏殿横剖面图

（十）玉皇楼

1. 建设年代：明宣德年间（1426~1435 年）。曾名千手大悲阁。

2. 建筑体量：三开间。通面阔 9.5 米，通进深 9.5 米，正脊高 15.92 米，建筑面积 154.19 平方米。

3. 木构架形式：抬梁式。二楼横向六梁；进深方向后四梁，前二梁。三楼六梁四檩，加对角梁，立中柱（雷公柱），建攒尖构架。檐柱柱径 0.27 米，金柱柱径 0.43 米。二楼一底。一、二层木楼梯双跑两楼梯，二、三层木楼梯单跑两楼梯，楼梯净宽 0.71 米。

4. 屋顶形式：重檐攒尖顶。

5. 出檐构件（除檐椽，飞檐椽）：挑枋、吊瓜和撑弓。

6. 脊饰：宝瓶宝顶，戗脊有望兽，翘角有卷草纹灰塑。

7. 上檐出和下檐出：上檐出 1.48 米，下檐出 1.38 米。

8. 翼角冲出和起翘：翼角冲出不明显，起翘高。角梁沿袭宋制。

9. 瓦件类型：灰筒瓦。

10. 碑刻：宋代九龙碑、庆元"林"字碑，明代四方碑（图 3-110~123）。

图 3-110　玉皇楼

图 3-111　玉皇楼脊饰

图 3-112　玉皇楼翘角

图 3-113　玉皇楼挑枋、吊瓜和撑弓板

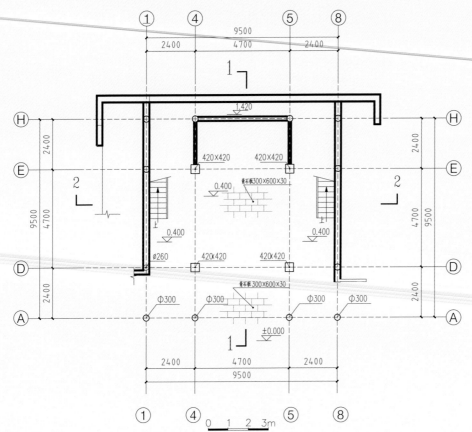

图 3-114　玉皇楼一层平面图

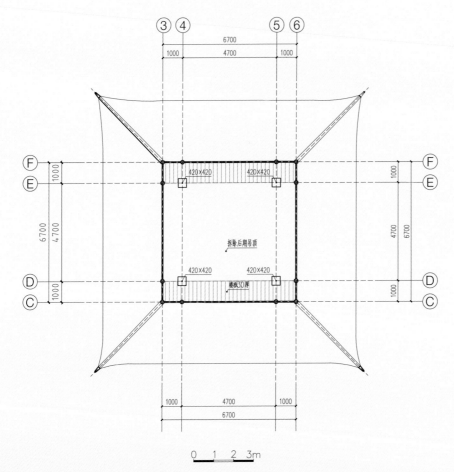

图 3-115　玉皇楼二层平面图

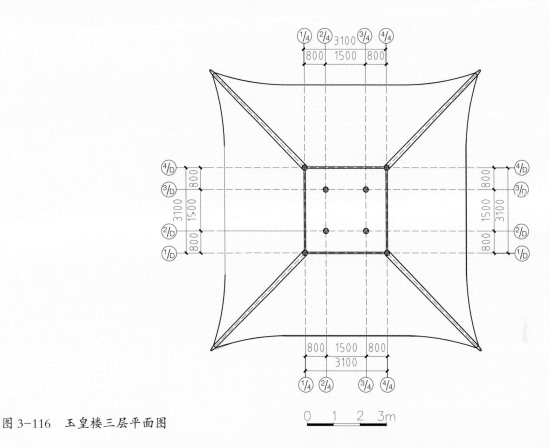

图 3-116 玉皇楼三层平面图

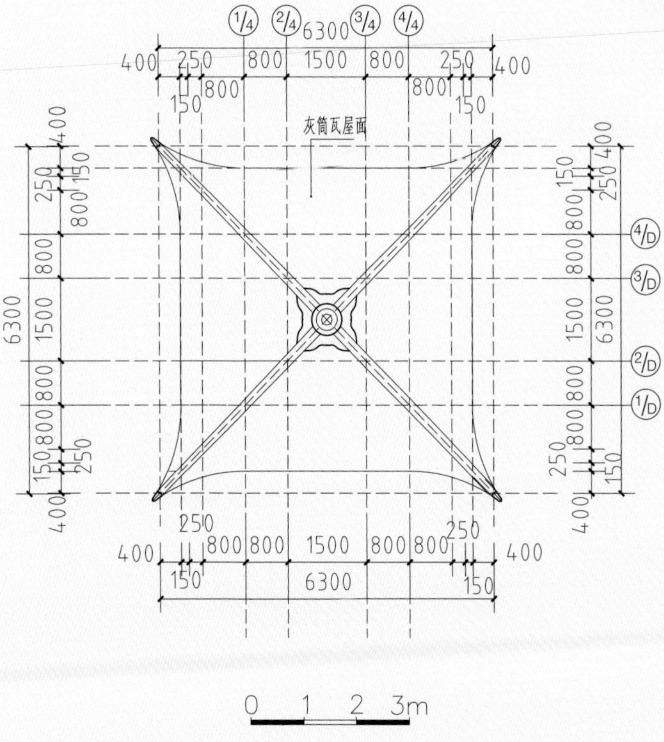

图 3-117 玉皇楼屋顶平面图

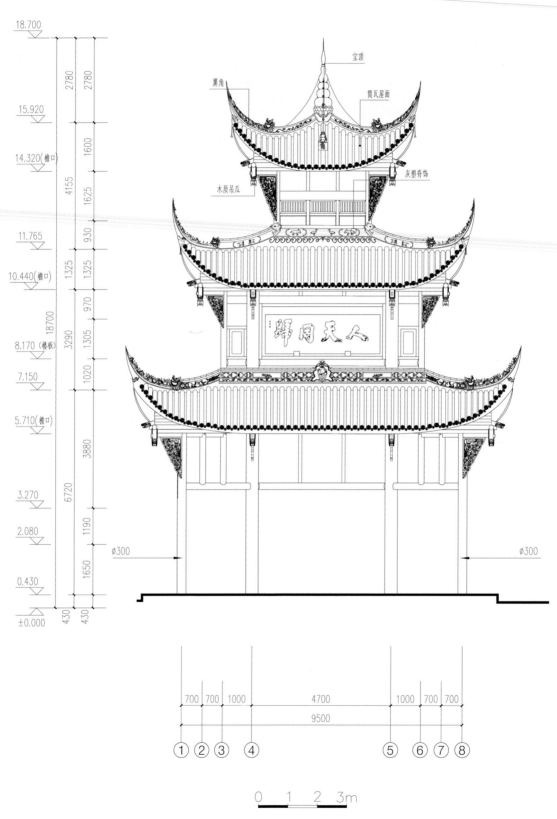

图 3-118　玉皇楼正立面图

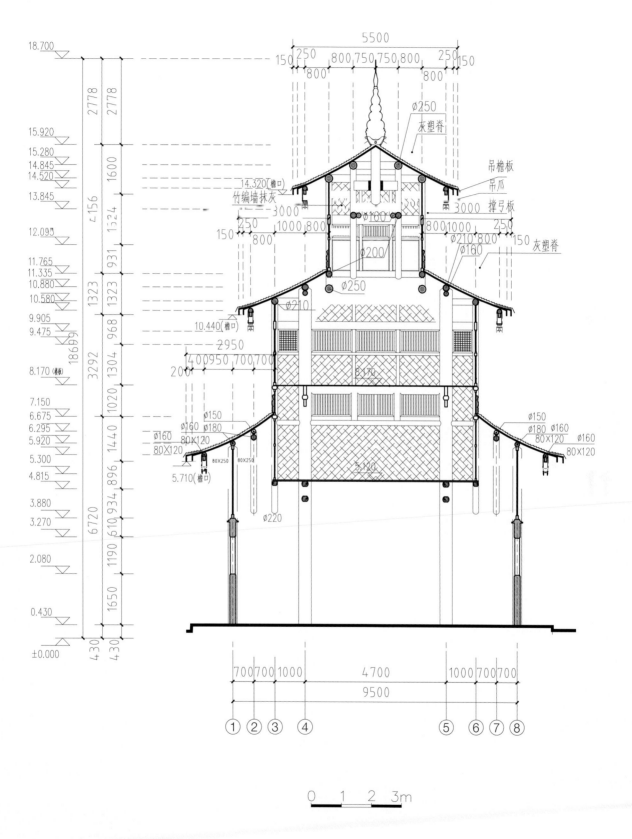

图 3-119　玉皇楼纵剖面图

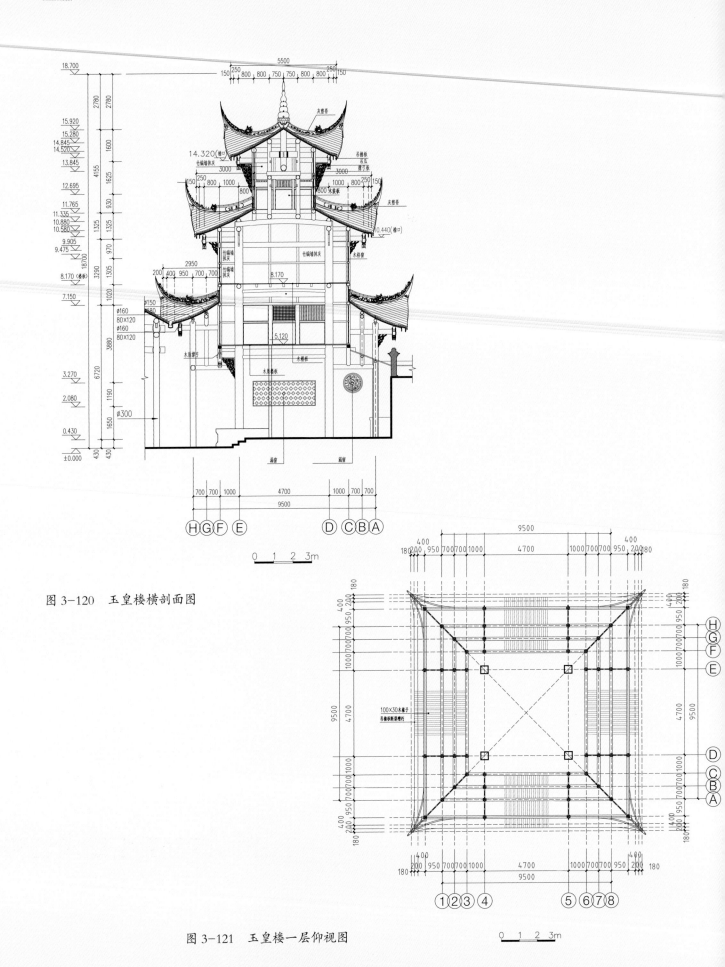

图 3-120　玉皇楼横剖面图

图 3-121　玉皇楼一层仰视图

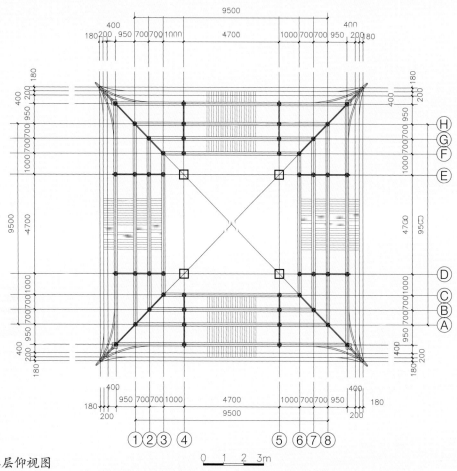

图 3-122　玉皇楼二层仰视图

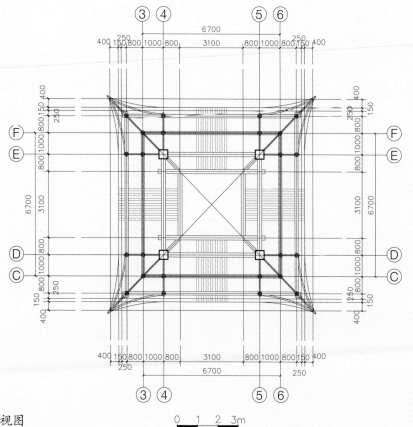

图 3-123　玉皇楼三层仰视图

三、清代建筑

（一）圆觉桥

1. 建设年代：始建于明成化六年（1470 年），清代重建。因宋孝宗敕赐克幽禅师为"圆觉慧应慈感大师"而命名。

2. 建筑体量：三开间。通面阔 6.85 米，通进深 10.8 米。主体高 6.54 米，牌楼高 7.26 米。两侧有单排美人靠座椅。建筑面积 78.27 平方米。

3. 桥墩结构：石桥台及桥墩。

4. 木构架形式：抬梁式。

5. 屋顶形式：中间硬山顶，两头为重檐歇山式牌楼。

6. 出檐构件（除檐椽，飞檐椽）：挑枋加撑弓。

7. 脊饰：牌楼正脊有鸱吻，宝瓶宝顶。

8. 瓦件类型：小青瓦。

9. 楹联：举足宜寻中正路，入门俱是过来人。

     万象圆融，惠风和畅菩提路；一心觉悟，古刹洞开般若门。

     化身福地，白鹊名山。

10. 牌匾：圆觉桥、问过心来（图 3-124~141）。

图 3-124　1982 年圆觉桥写生画

图 3-125　圆觉桥

图 3-127　圆觉桥脊饰

图 3-126　圆觉桥撑弓、挑枋

图 3-128　圆觉桥翘角

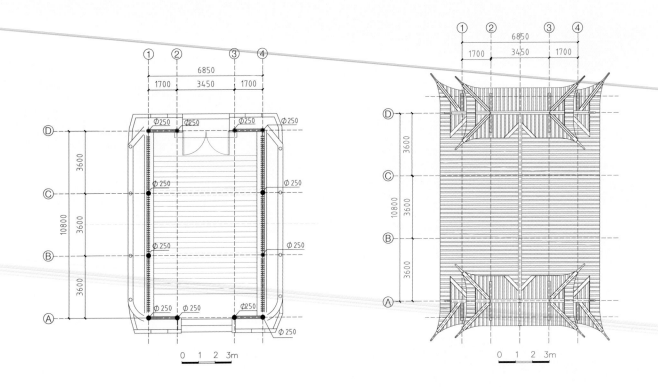

图 3-129　圆觉桥平面图

图 3-130　圆觉桥屋顶平面图

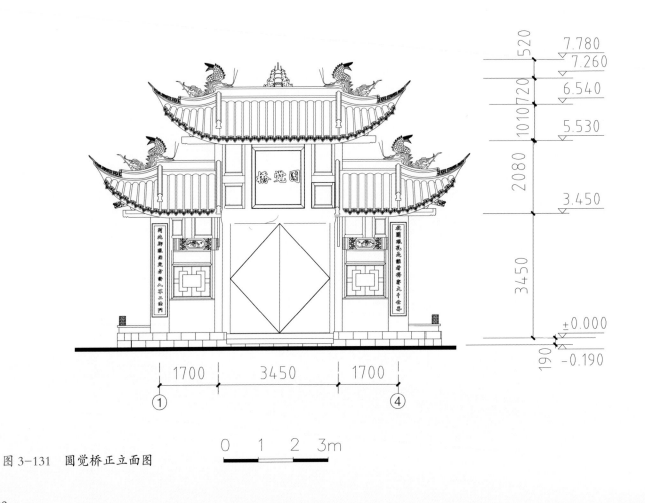

图 3-131　圆觉桥正立面图

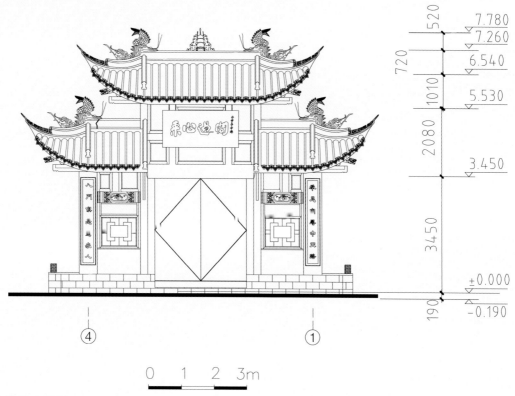

图 3-132　圆觉桥背立面图

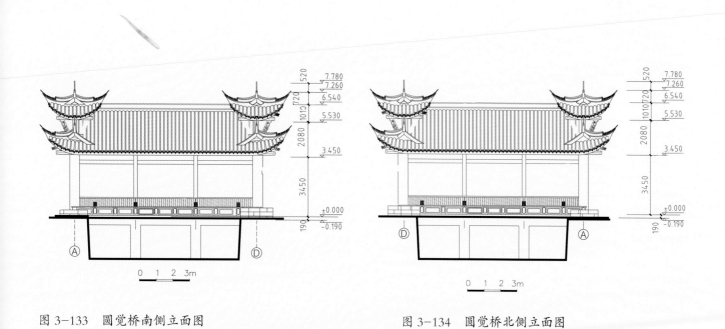

图 3-133　圆觉桥南侧立面图　　　　　　　　图 3-134　圆觉桥北侧立面图

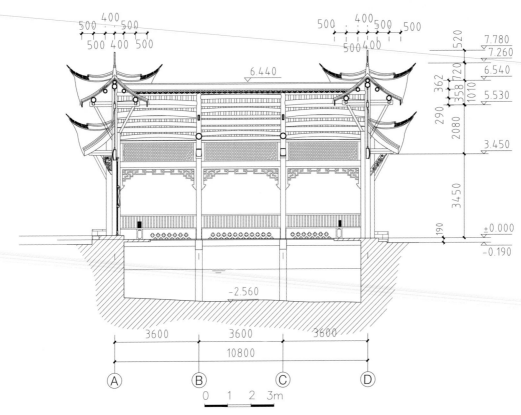

图 3-135　圆觉桥纵剖面图

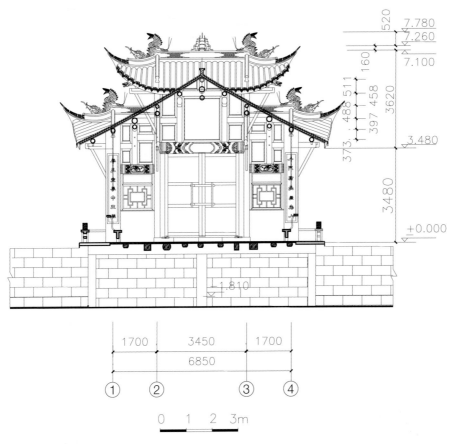

图 3-136　圆觉桥横剖面图

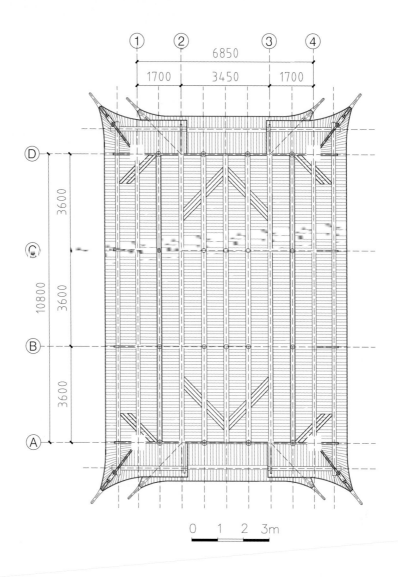

图 3-137　圆觉桥顶层仰视图

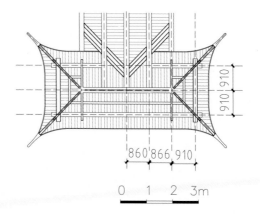

图 3-138　圆觉桥Ⓐ轴顶层仰视图

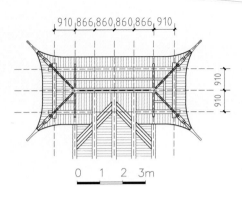

910 866 860 860 866 910

910 910

0　1　2　3m

图 3-139　圆觉桥①轴顶层仰视图

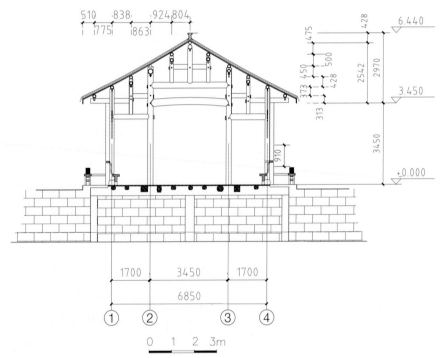

510　838　924 804
775　863

6.440

475
428

2542 2970

450 500
373 428
313

3.450

910

3450

+0.000

1700　3450　1700
6850

① ② ③ ④

0　1　2　3m

图 3-140　圆觉桥木构件图

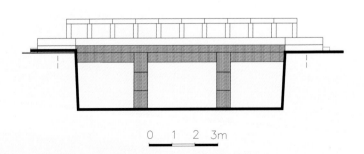

0　1　2　3m

图 3-141　圆觉桥桥墩剖面示意图

（二）七佛殿

1. 建设年代：始建于明洪武至宣德年间（1368~1435 年），清代重建。曾名三官殿、团殿。

2. 建筑体量：五开间。通面阔 16.62 米，通进深 11.56 米，正脊高 8.49 米，建筑面积 198.95 平方米。

3. 木构架形式：抬梁式，五柱十三檩。檐柱直径 0.4 米，金柱直径 0.36 米。

4. 屋顶形式：单檐歇山顶。

5. 出檐构件（除檐椽，飞檐椽）：挑枋、撑弓。

6. 脊饰：灰塑脊，脊侧有雕花。正脊兽吻为鱼龙吻，宝瓶宝顶，无垂兽。

7. 上檐出和下檐出：上檐出 1.4 米，下檐出 1.25 米。

8. 翼角冲出和起翘：翼角冲出不明显。起翘主要靠塑脊起翘，屋面起翘 0.34 米，戗脊起翘 1.6 米。

9. 瓦件类型：小青瓦。

10. 台明高度：0.1 米。

11. 踏跺形式：无。

12. 门槛高度：0.26 米。

13. 主供佛像：释迦牟尼佛及其前的毗婆尸佛、尸弃佛、毗舍浮佛、拘留孙佛、拘那舍牟尼佛和迦叶佛坐佛。

14. 楹联：苦海无边回头是岸，灵山胜地捷足先登。

　　　　三佛四佛七佛，声蛮广宇；祖灯禅灯心灯，德被众生。

15. 牌匾：瑞气云集、七佛殿、绍隆佛种、默佑众生（图 3-142~153）。

图 3-142　七佛殿

图 3-143　七佛殿翘角

图 3-144　七佛殿挑枋、撑弓

图 3-145　七佛殿脊饰

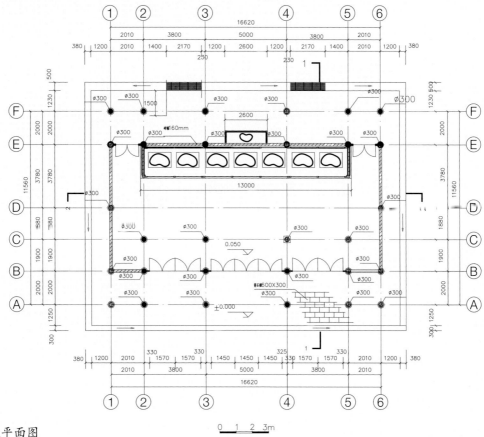

图 3-146　七佛殿平面图

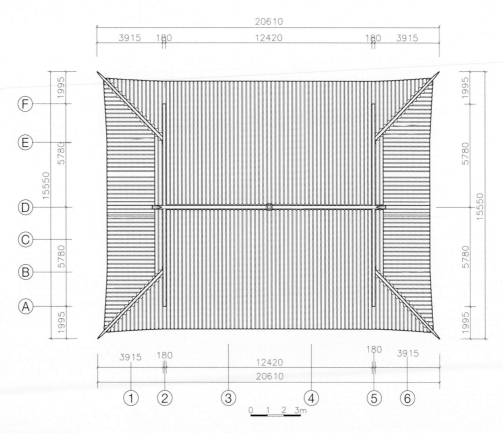

图 3-147　七佛殿屋顶平面图

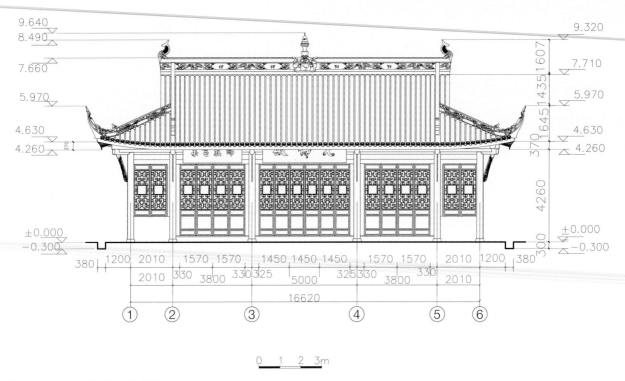

图 3-148　七佛殿正立面图

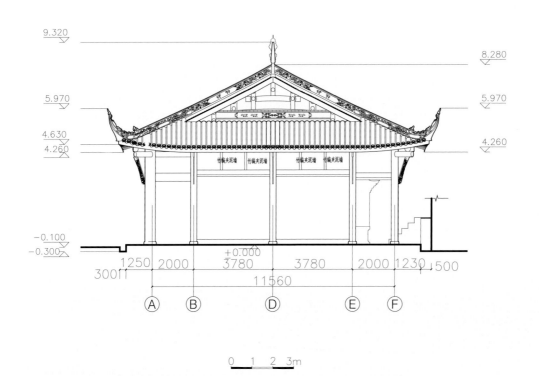

图 3-149　七佛殿东侧立面图

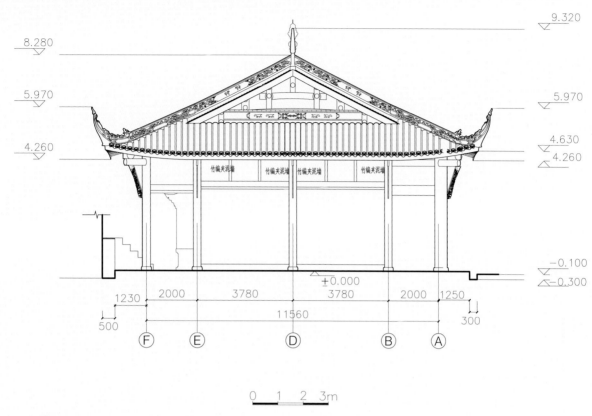

图 3-150 七佛殿西侧立面图

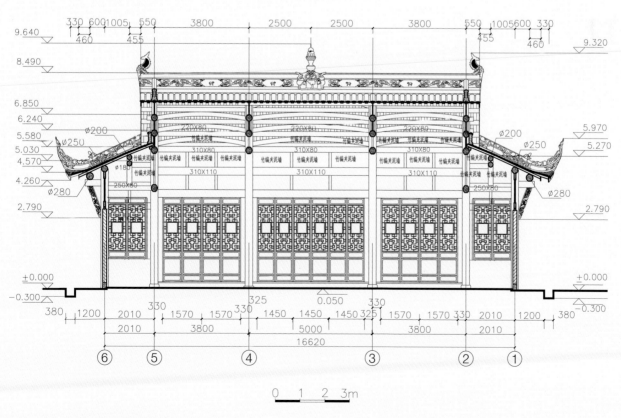

图 3-151 七佛殿纵剖面图

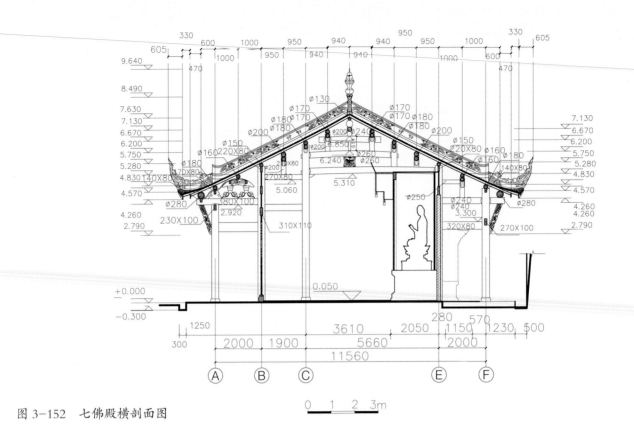

图 3-152 七佛殿横剖面图

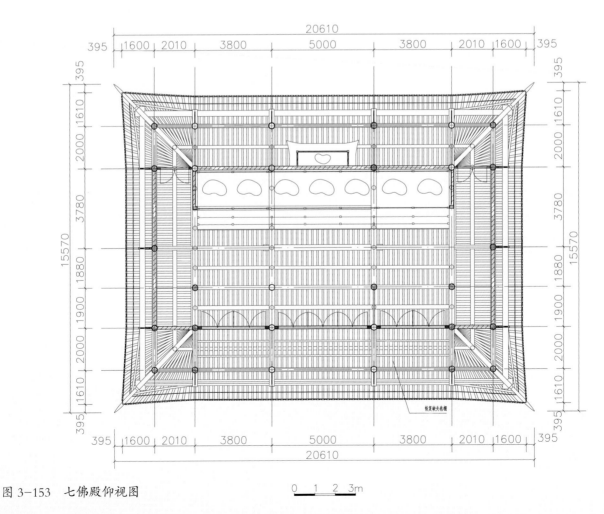

图 3-153 七佛殿仰视图

（三）佛顶阁

1. 建设年代：清宣统三年（1911 年）。清代曾名毗卢殿。

2. 建筑体量：三开间。通面阔 12 米，通进深 12 米，正脊高 12.4~12.51 米，建筑面积 149.82 平方米。

3. 木构架形式：抬梁式，四柱十三檩。檐柱直径 0.36 米，金柱直径 0.36 米。外墙除门窗外为木装板。

4. 屋顶形式：重檐歇山顶。

5. 出檐构件（除檐椽，飞檐椽）：挑枋、吊瓜、撑弓或撑弓板。

6. 脊饰：琉璃脊，脊侧有雕花。正脊兽吻为鱼龙吻，宝顶为双龙护宝瓶，有垂兽，戗脊有 2 小兽，有仙人和 5 走兽。正脊两侧略抬高。

7. 上檐出和下檐出：上檐出 1.65 米，下檐出 1.42 米。上檐 1.695 米。

8. 翼角冲出和起翘：翼角冲出不明显，翼角戗脊起翘较高；梁采用南方做法，老戗加嫩戗。屋面上檐起翘 2.58 米，下檐起翘 2.57 米。

9. 瓦件类型：金黄色琉璃瓦。

10. 台明高度：0.24 米。

11. 门槛高度：0.17 米。

12. 主供佛像：毗卢遮那佛。

13. 楹联：华严觉地理事无碍，微尘剖出恒沙界；
　　　　　真如智海性相圆融，芥子量纳须弥山。

14. 牌匾：佛顶阁、大千世界、量同沙界、真俗融通、顶上圆光（清·道光二十九年〈公元 1849 年，岁次己酉〉遂宁知县鸣谦敬书）（图 3-154~165）。

图 3-154　佛顶阁

图 3-155　佛顶阁脊饰

图 3-156　佛顶阁翘角

图 3-157　佛顶阁挑枋、吊瓜、撑弓

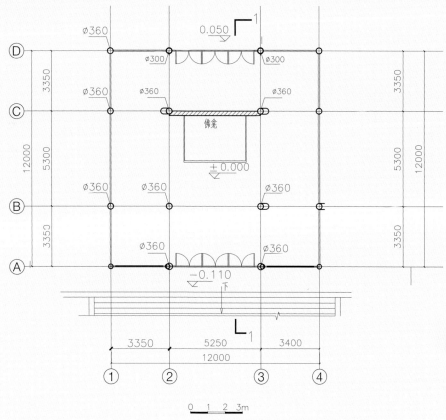

图 3-158　佛顶阁平面图

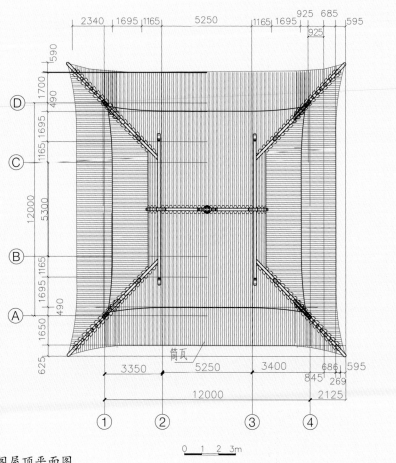

图 3-159　佛顶阁屋顶平面图

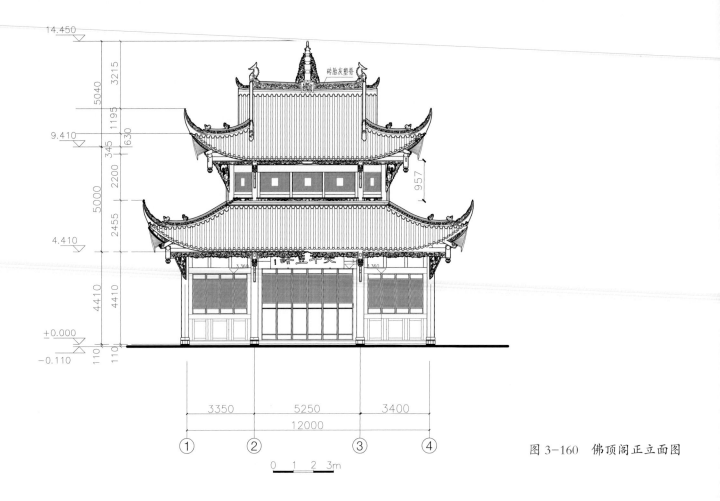

图 3-160　佛顶阁正立面图

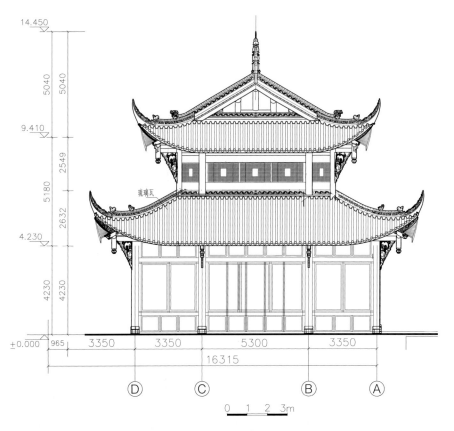

图 3-161　佛顶阁西侧立面图

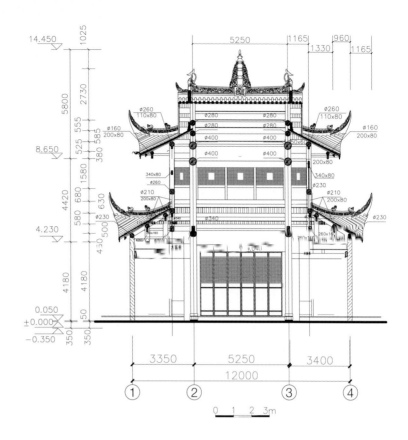

图 3-162　佛顶阁纵剖面图

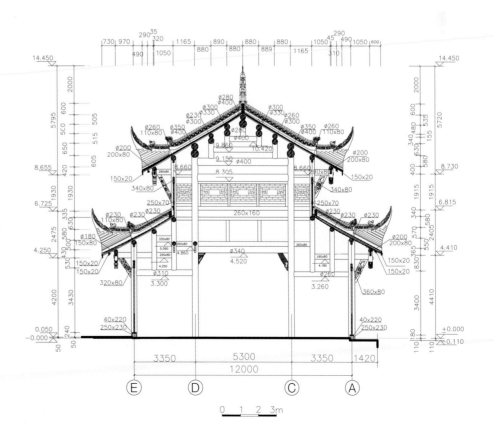

图 3-163　佛顶阁横剖面图

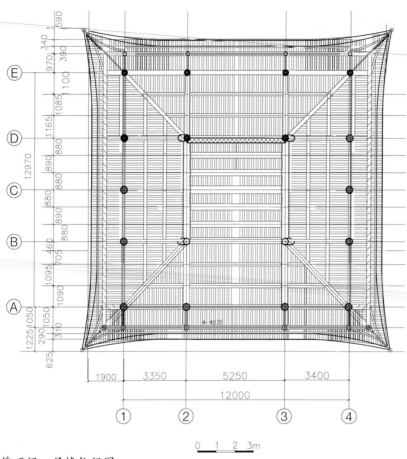

图 3-164　佛顶阁一层檐仰视图

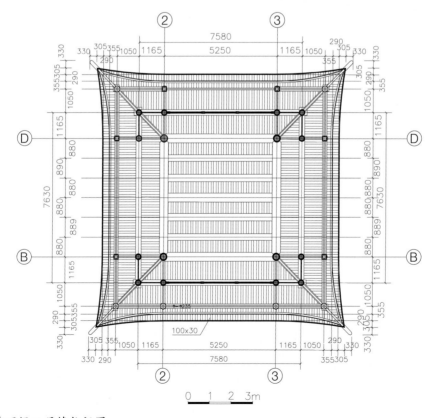

图 3-165　佛顶阁二层檐仰视图

（四）燃灯殿

1. 建设年代：清代。曾名五观堂。

2. 建筑体量：三开间。通面阔 17.46 米，通进深 12.87 米，正脊高 8.16 米，建筑面积 231.69 平方米。

3. 木构架形式：抬梁式，五柱九檩。檐柱直径 0.34~0.37 米，金柱直径 0.38 米。

4. 屋顶形式：悬山顶，山墙出檐 0.87 米。

5. 出檐构件（除檐椽，飞檐椽）：挑枋加吊瓜、撑弓板。

6. 脊饰：灰塑脊。正脊兽吻为鸱吻，宝瓶宝顶，垂脊无垂兽。

7. 上檐出和下檐出：前檐上檐出 1.4 米，后檐上檐出 1.75 米。

8. 瓦件类型：小青瓦。

9. 台明高度：无。

10. 踏跺形式：无。

11. 主供佛像：无。

12. 楹联：不嫌淡泊来相处，若厌清贫去弗留。

13. 牌匾：燃灯殿（图 3-166~174）。

图 3-166　燃灯殿

图 3-167　燃灯殿脊饰

图 3-168　燃灯殿挑枋、吊瓜、撑弓板

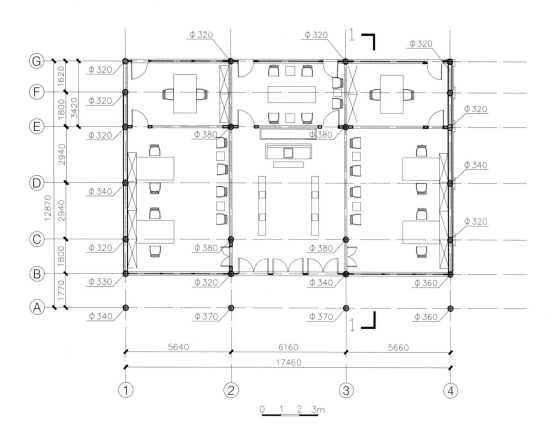

图 3-169 燃灯殿平面图

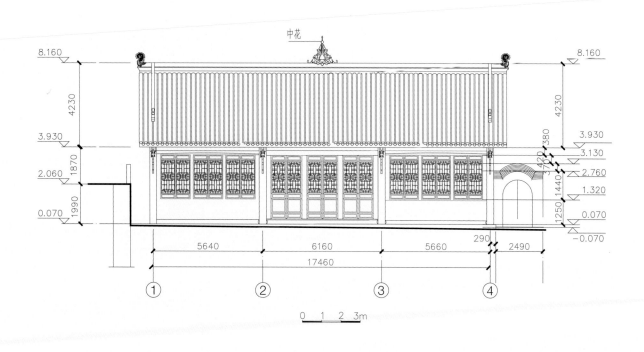

图 3-170 燃灯殿正立面图

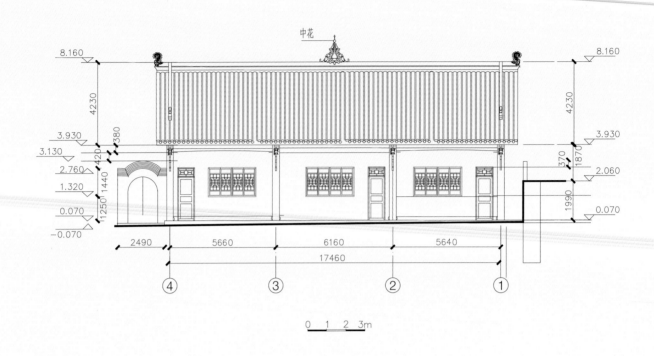

图 3-171 燃灯殿背立面图

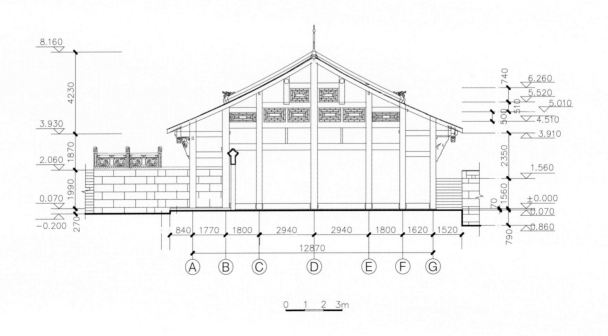

图 3-172 燃灯殿南侧立面图

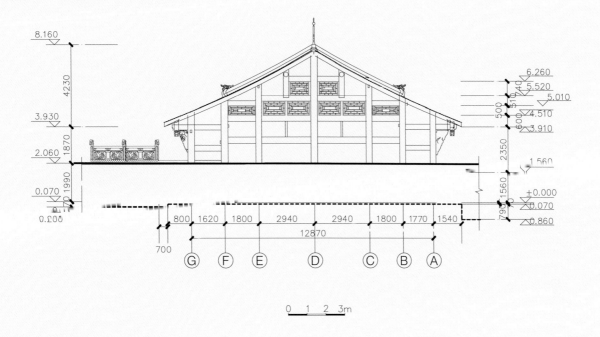

图 3-173 燃灯殿北侧立面图

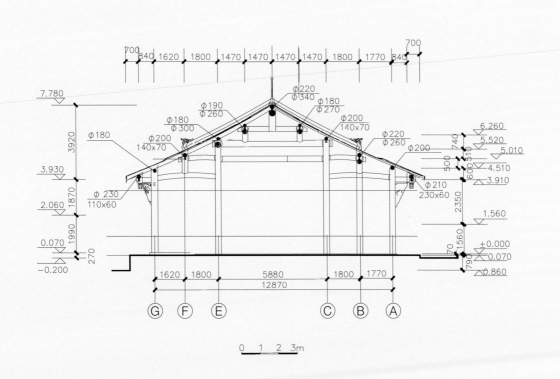

图 3-174 燃灯殿横剖面图

（五）客堂

1. 建设年代：清代。曾名百子殿。

2. 建筑体量：三开间。通面阔 9.6 米，通进深 9.55 米，正脊高 9.0 米，建筑面积 96.33 平方米。

3. 木构架形式：抬梁式，五柱九檩。檐柱直径 0.21~0.31 米，金柱直径 0.36~0.4 米。

4. 屋顶形式：重檐歇山顶。

5. 出檐构件（除檐椽，飞檐椽）：上檐挑枋加撑弓，下檐为挑枋。

6. 脊饰：灰塑脊。正脊兽吻为鱼龙吻，吻外有翘角，宝瓶宝顶，垂脊无垂兽。

7. 上檐出和下檐出：前檐上檐出 1.19 米，下檐出 1.1 米。

8. 翼角冲出和起翘：翼角戗脊上檐起翘 1.6 米，下檐起翘 1.9 米。

9. 瓦件类型：小青瓦。

10. 台明高度：无。

11. 踏跺形式：无。

12. 主供佛像：玉坐佛。

13. 楹联：万里飘蓬，恰似飞鸿留雪印；十年回首，何如静影息心机。

14. 牌匾：客堂，文殊开宗（图 3-175~188）。

图 3-175　客堂

图 3-176　客堂挑枋、撑弓

图 3-177　客堂翘角

图 3-178　客堂脊饰

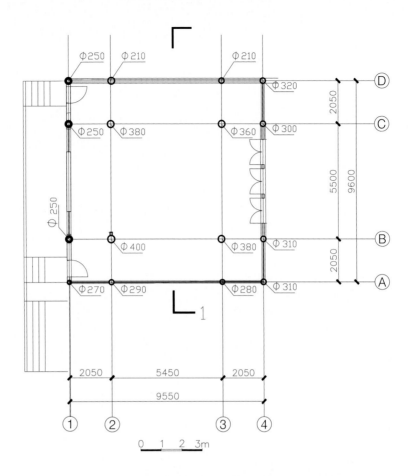

图 3-179 客堂平面图

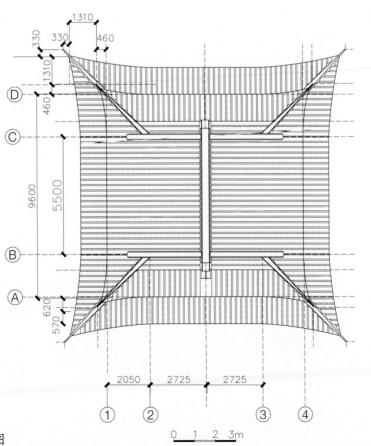

图 3-180 客堂屋顶平面图

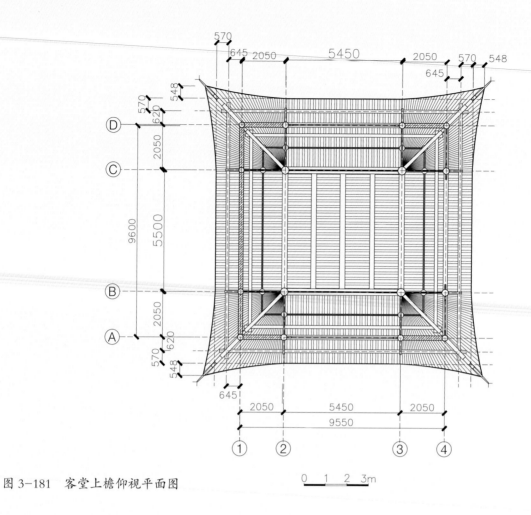

图 3-181　客堂上檐仰视平面图

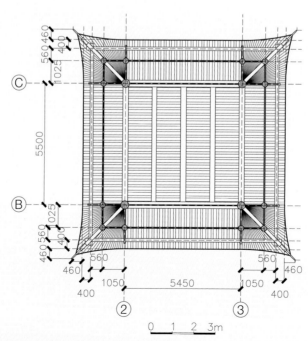

图 3-182　客堂下檐仰视平面图

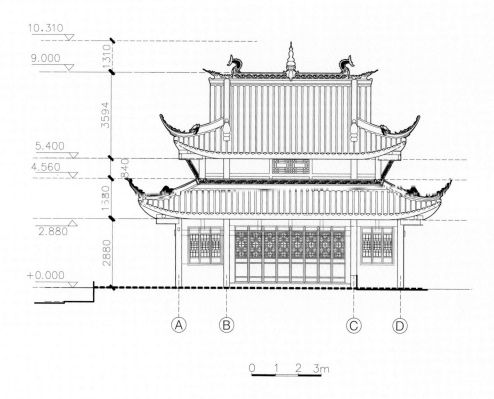

图 3-183 客堂正立面图

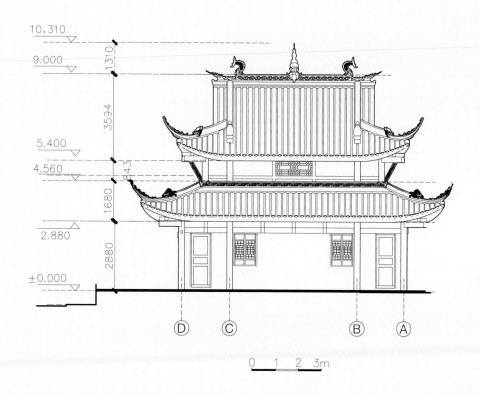

图 3-184 客堂背立面图

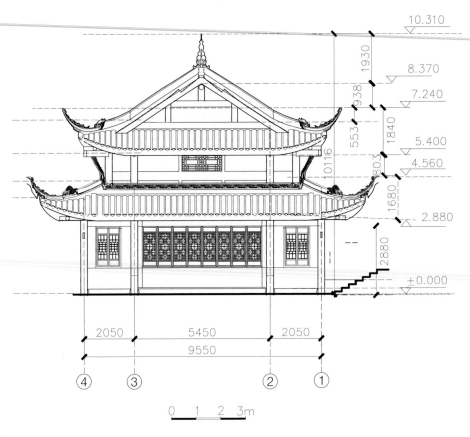

图 3-185　客堂东侧立面图

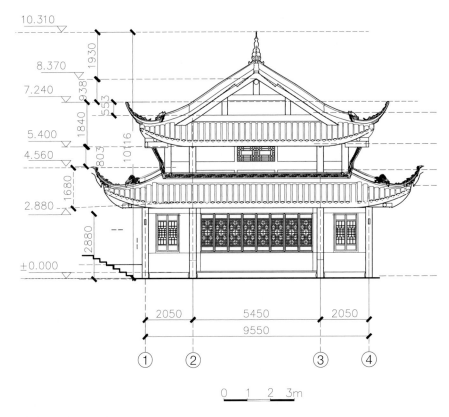

图 3-186　客堂西侧立面图

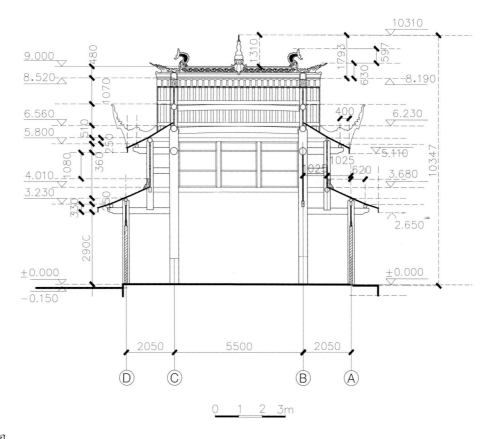

图 3-187 客堂纵剖面图

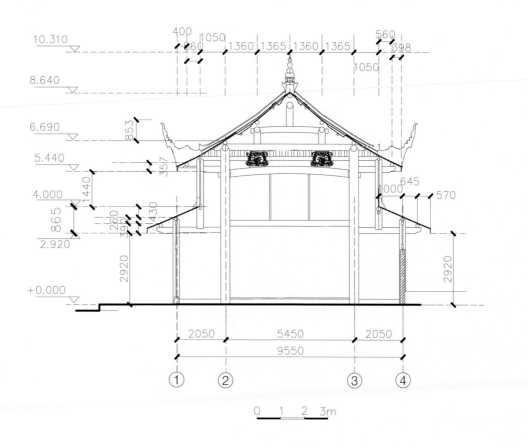

图 3-188 客堂横剖面图

（六）观音殿

1. 建设年代：始建于明洪武至宣德年间（1368~1435 年），清代复建。

2. 建筑体量：三开间。通面阔 11 米，通进深 27.28 米。前殿脊高 8.73 米，中殿脊高 8.13 米，后殿脊高 9.45 米；后殿室内地坪比前殿高 0.42 米；总建筑面积 265.07 平方米。

3. 木构架形式：抬梁式。前殿主体由两个七檩组成勾连搭屋顶，后殿七檩。

4. 屋顶形式：前殿为歇山勾连搭顶；后殿为重檐歇山顶。

5. 出檐构件（除檐椽，飞檐椽）：挑枋。

6. 脊饰：正脊兽吻为鱼龙吻，宝瓶宝顶，戗脊有飞龙。

7. 上檐出和下檐出：上檐出 1.58 米，下檐出 1.31 米。

8. 翼角冲出和起翘：翼角冲出不明显，起翘 1.68 米。

9. 瓦件类型：小青瓦。

10. 台明高度：前殿 2.22 米，后殿 0.2 米。

11. 踏跺形式：前殿有垂带踏跺，两侧有石栏杆。

12. 门槛高度：0.165 米。

13. 主供佛像：约 2.8 米的铜鎏金观音菩萨像及 1.8 米高的龙女像和善财童子像。

14. 楹联：显迹西天应化遂宁妙法威灵扬大善，修真南海行慈广利莲台香火祐群生。

      作事昧良心哪须我杨枝免难，为人悖善理谁替他净水消灾。

      圣殿盈辉开觉路，莲台绽瑞布禅风。

      法雨清尘宇，潮音说普门。

      化现慈悲影，开通智慧门。

15. 牌匾：观音殿、观音宝殿、心无挂碍、活菩萨、大慈大悲　南海归来　普渡众生、感应、慈照、慈航普渡（图 3-189~206）。

图 3-189　1982 年观音殿

图 3-190 观音殿外景（一）

图 3-191 观音殿外景（二）

图 3-192 观音殿脊饰

图 3-193 观音殿翘角

图 3-194 观音殿挑枋（一）

图 3-195 观音殿挑枋（二）

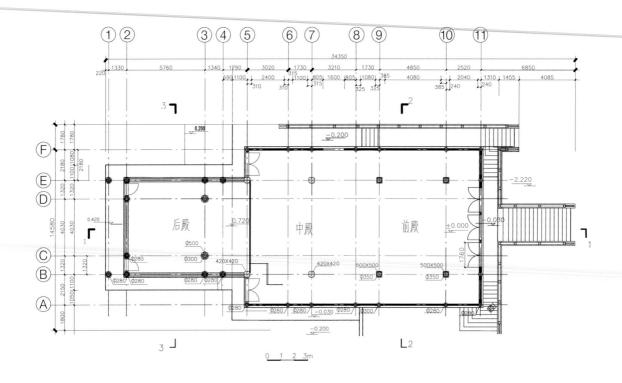

图 3-196　观音殿平面图

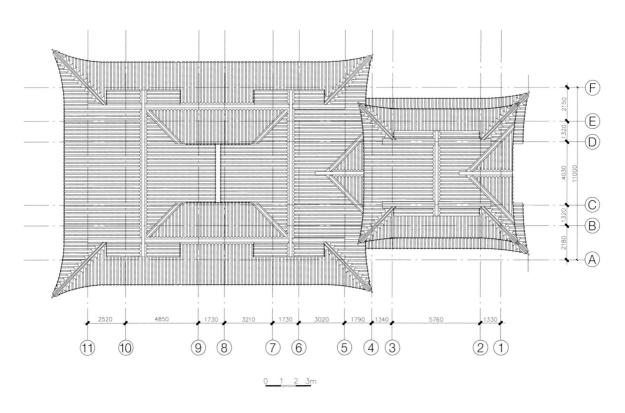

图 3-197　观音殿屋顶平面图

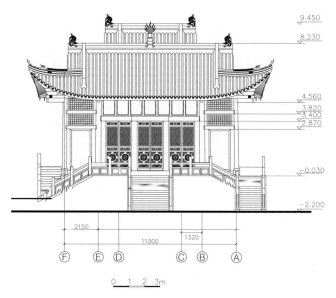

图 3-198　观音殿正立面图

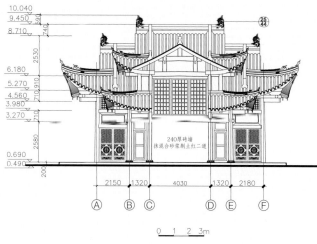

图 3-199　观音殿背立面图

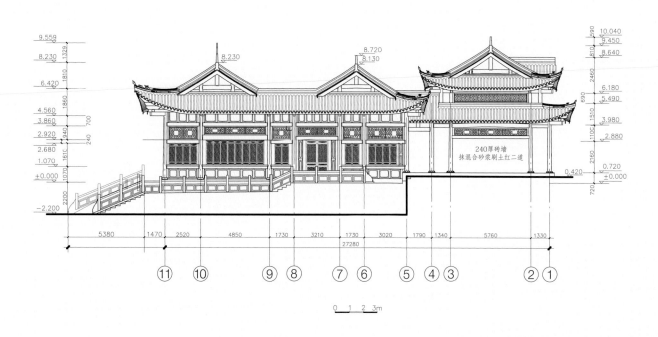

图 3-200　观音殿东北侧立面图

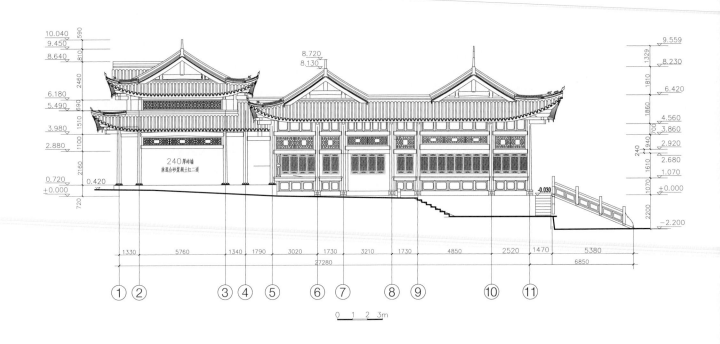

图 3-201　观音殿西南侧立面图

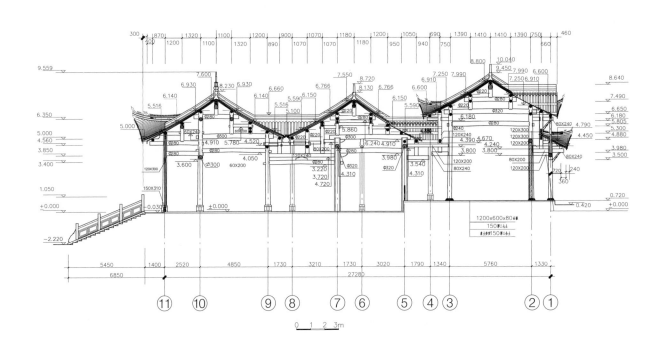

图 3-202　观音殿纵剖面图

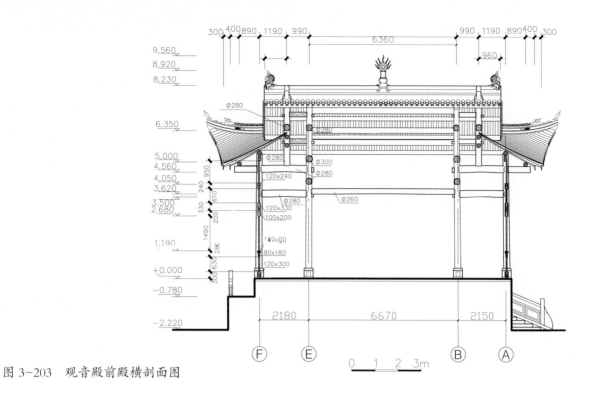

图 3-203　观音殿前殿横剖面图

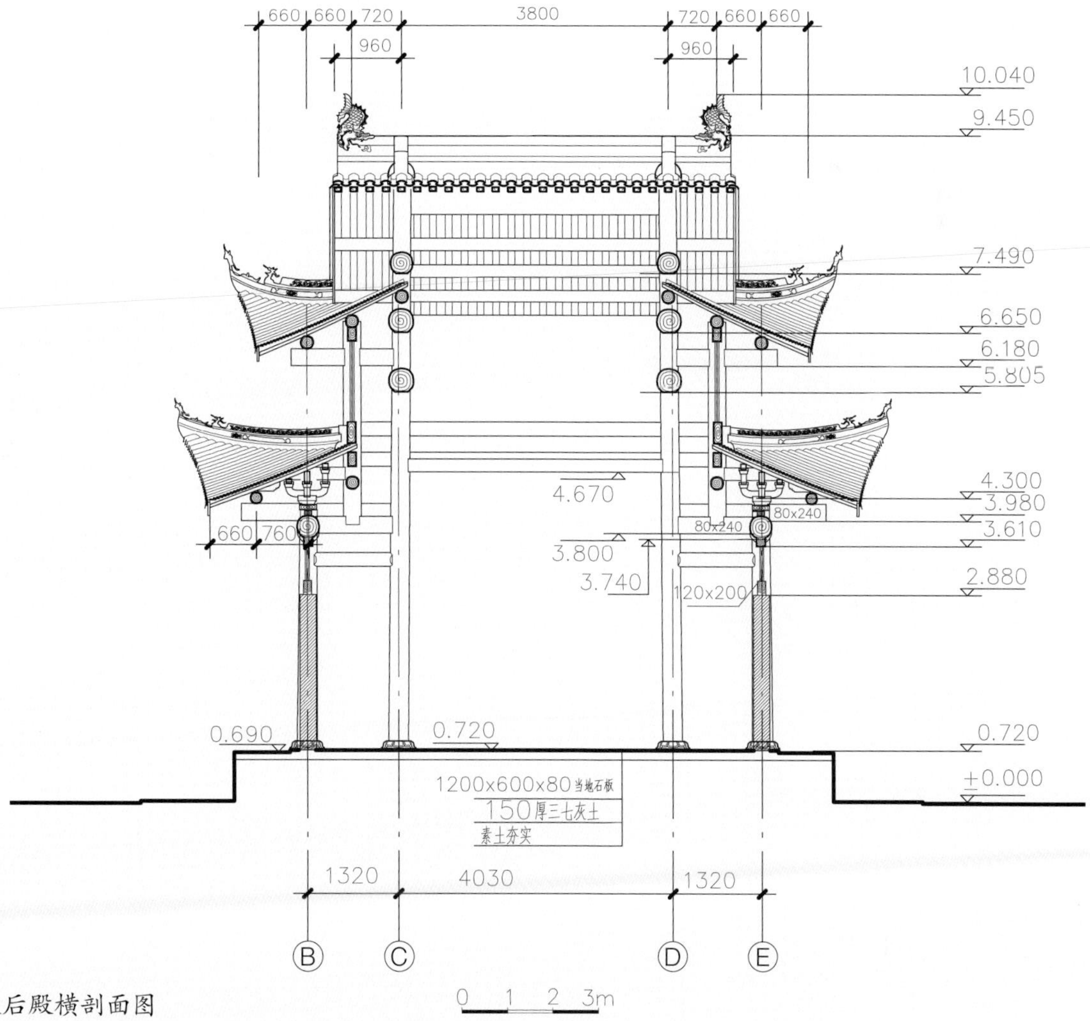

图 3-204　观音殿后殿横剖面图

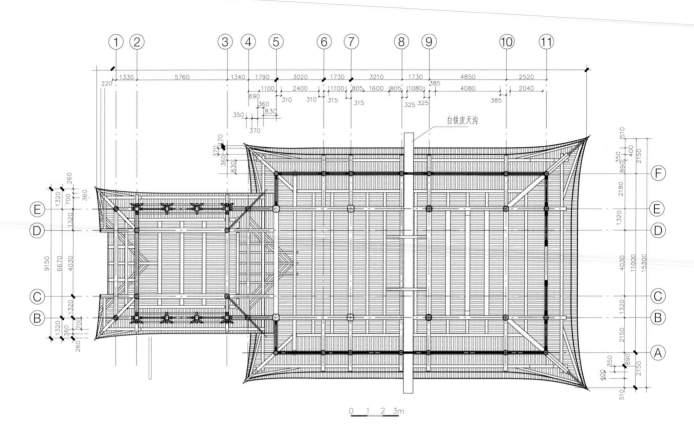

图 3-205　观音殿一层屋顶仰视图

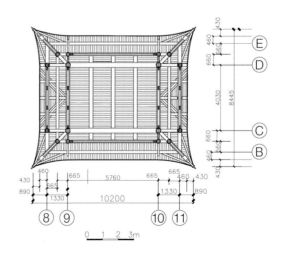

图 3-206　观音殿二层屋顶仰视图

（七）送子殿

1. 建设年代：始建于明洪武至宣德年间（1368~1435 年），清代复建。

2. 建筑体量：三开间。通面阔 12.2 米，通进深 8.29 米。正脊高 6.39 米，牌楼脊高 7.34 米。建筑面积 106.11 平方米。

3. 木构架形式：穿斗式，面向主轴线南侧有牌坊造型建筑。

4. 屋顶形式：悬山双跨，入口处加牌楼。

5. 出檐构件（除檐椽，飞檐椽）：主体用挑枋，牌坊部分用拱形撑木加木面板。

6. 脊饰：挑角。

7. 上檐出和下檐出：上檐出 1.2 米，下檐出 0.93 米。

8. 翼角冲出和起翘：牌楼翼角冲出不明显，牌楼翼角有起翘。

9. 瓦件类型：小青瓦。

10. 台明高度：0.12 米。

11. 踏跺形式：无。

12. 门槛高度：0.15 米。

13. 主供佛像：2.19 米高送子观音像，另有 484 尊 27 厘米高的瓷质送子观音像。

14. 楹联：妙善循声，乐施甘露宇寰同润；红莲结子，福报人间兰桂腾芳。

　　　　若不回头，谁给你送儿送女；如能念佛，定让人称心称意。

15. 牌匾：送子殿、三仙圣母、承恩永保（图 3-207~217）。

图 3-208　送子殿牌楼拱形撑木加木面板

图 3-207　送子殿

图 3-209　送子殿翘角

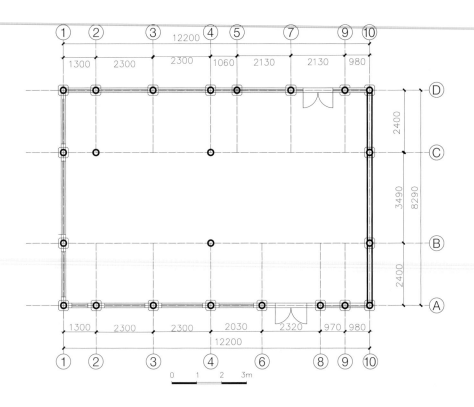

图 3-210　送子殿平面图

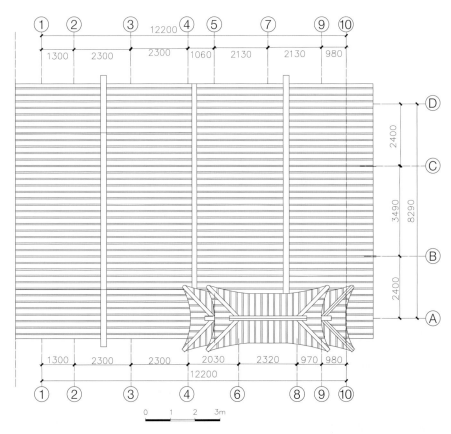

图 3-211　送子殿屋顶平面图

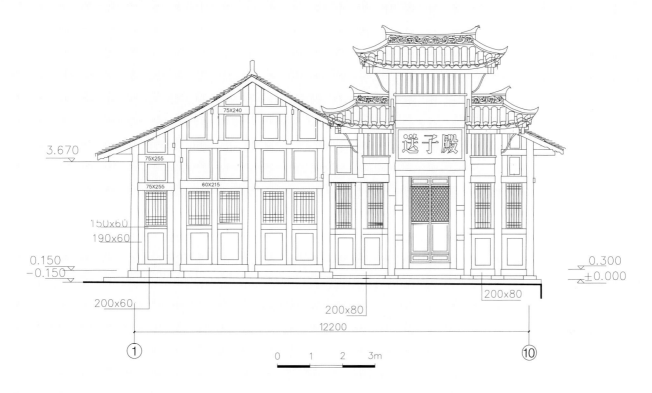

图 3-212　送子殿正立面图

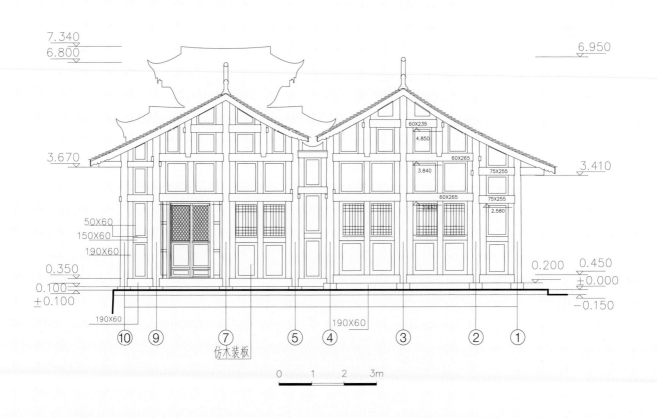

图 3-213　送子殿背立面图

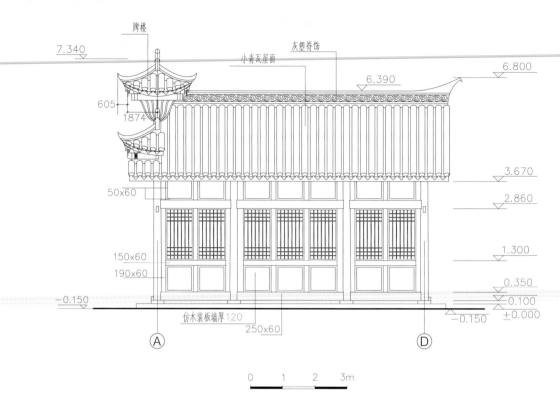

图 3-214 送子殿南侧立面图

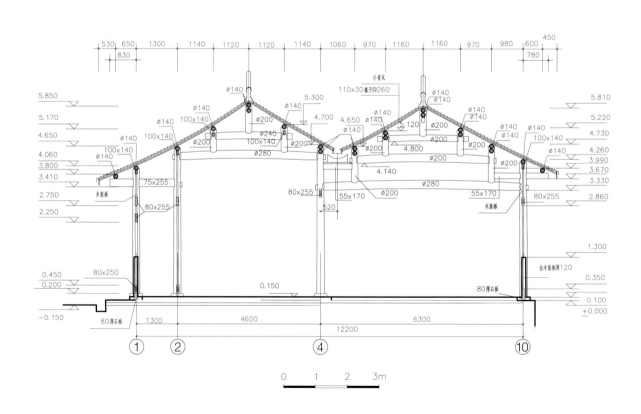

图 3-215 送子殿纵剖面图（一）

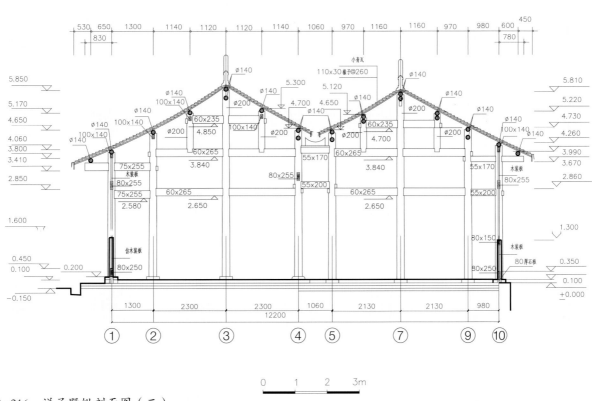

图 3-216 送子殿纵剖面图（二）

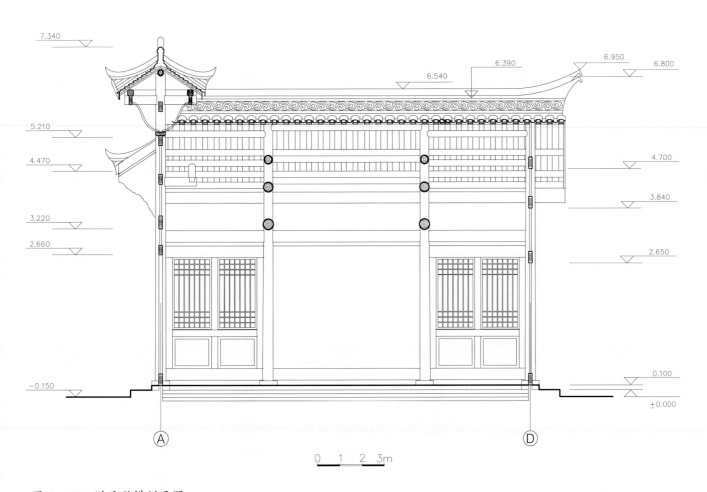

图 3-217 送子殿横剖面图

（八）广德讲堂

1. 建设年代：清代。曾名禅堂、千手观音殿。

2. 建筑体量：五开间。通面阔 20.6 米，通进深 12.6 米，正脊高 9.26 米，建筑面积 267.59 平方米。

3. 木构架形式：抬梁式，五柱七檩；前有外廊。

4. 屋顶形式：单檐歇山。

5. 出檐构件（除檐椽，飞檐椽）：挑枋加撑弓。

6. 脊饰：鱼龙吻，三层宝塔宝顶，戗脊有龙头和飞云。

7. 上檐出和下檐出：上檐出 1.4 米，下檐出 1.3 米。

8. 瓦件类型：小青瓦。

9. 门槛高度：0.25 米。

10. 顶棚：有吊顶。

11. 楹联：广坛说法飞花雨；德业扬辉映月华。

        佛慧觉群伦，阐教谈经，功追无住；禅灯传广德，利生弘法，志在真修。

12. 牌匾：广德讲堂（图 3-218~229）。

图 3-218　广德讲堂

图 3-219 广德讲堂脊饰

图 3-220 广德讲堂挑枋、撑弓

图 3-221 广德讲堂翘角（后为西厢房叠瓦脊）

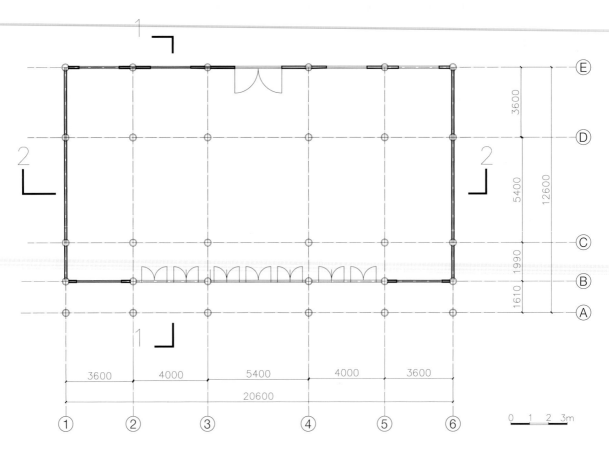

图 3-222　广德讲堂平面图

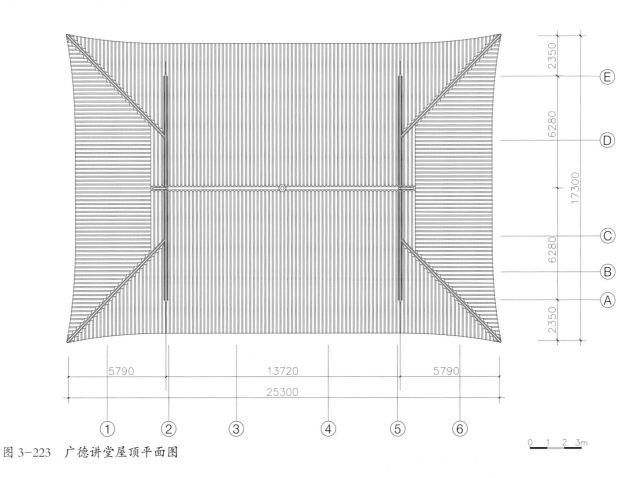

图 3-223　广德讲堂屋顶平面图

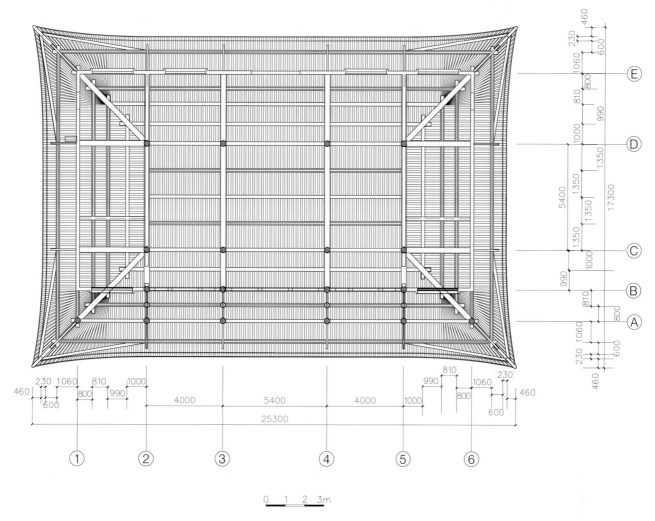

图 3-224　广德讲堂屋顶仰视图

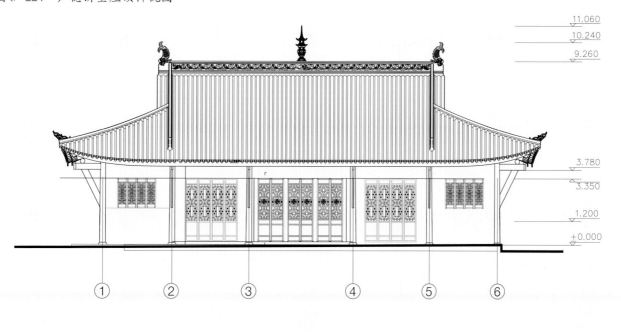

图 3-225　广德讲堂正立面图

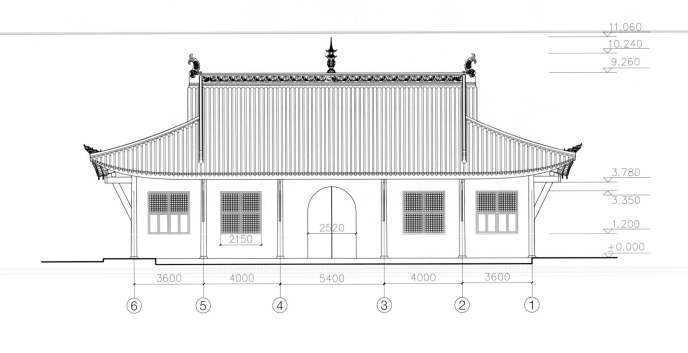

图 3-226 广德讲堂背立面图

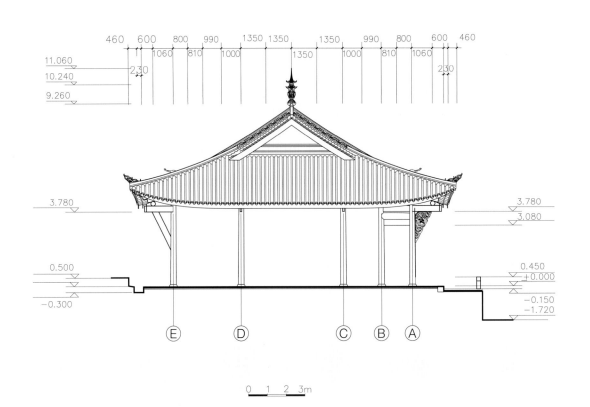

图 3-227 广德讲堂侧立面图

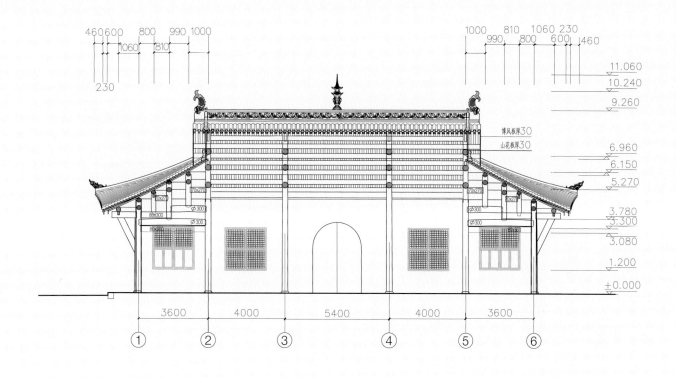

图 3-228　广德讲堂纵剖面图

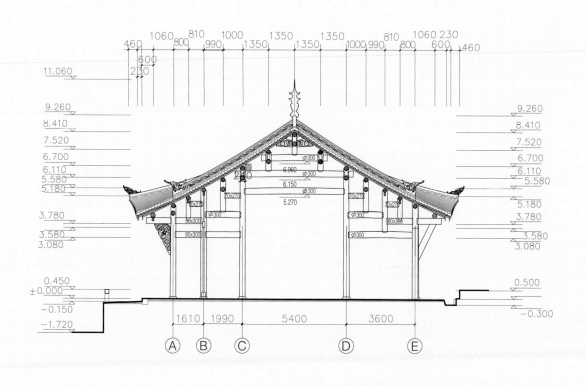

图 3-229　广德讲堂横剖面图

（九）舍利殿

1. 建设年代：清代。曾名三圣殿。

2. 建筑体量：五开间。通面阔 19.25 米，通进深 11 米，正脊高 8.305 米，建筑面积 219.07 平方米。

3. 木构架形式：四柱七檩。三侧有外廊，柱径 0.32 米。

4. 屋顶形式：单檐歇山顶。

5. 出檐构件（除檐椽，飞檐椽）：挑枋。

6. 脊饰：正脊端鱼龙吻。

7. 瓦件类型：小青瓦。

8. 门槛高度：0.35 米。

9. 主供佛像：曾供奉阿弥陀佛。现供奉海山法师、昌臻法师等的舍利。

10. 楹联：人天路上作福为先，生死海中念佛第一。

　　　　舍利含光，千载伽蓝焕异彩；人天荫福，十方淄素沐慈云。

　　　　真修历东土西天，问道求经，舍利慈航来海外；

　　　　大德皆南参北学，升坛说法，涅槃善果结瓶中。

11. 牌匾：舍利殿、莲座心香、以戒为师（图 3-230~243）。

图 3-230　1982 年舍利殿

图 3-231 舍利殿

图 3-232 舍利殿翘角

图 3-233 舍利殿脊饰

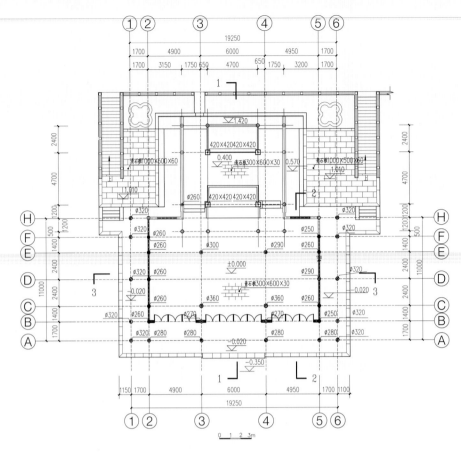

图 3-234 舍利殿平面图（含玉皇楼一层）

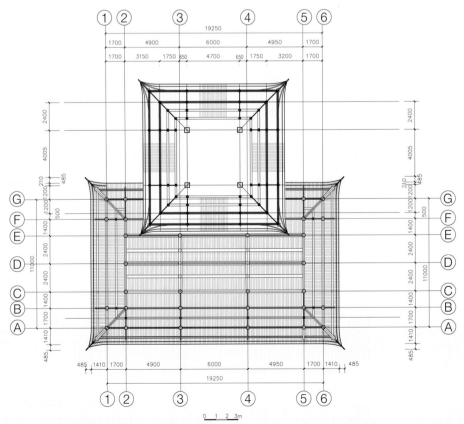

图 3-235 舍利殿仰视图（含玉皇楼一层）

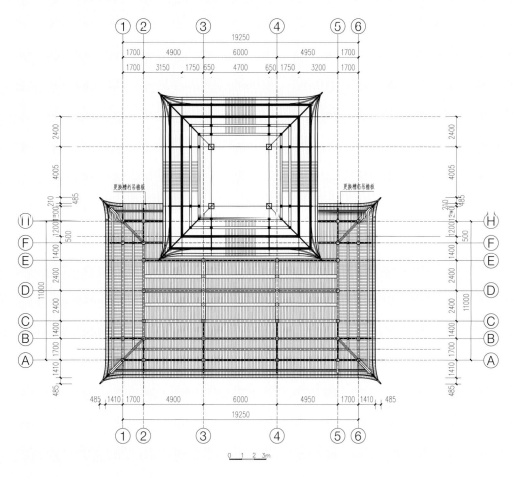

图 3-236 舍利殿屋顶平面图（含玉皇楼一层）

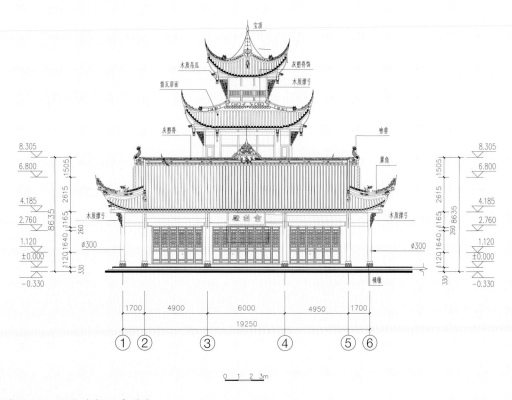

图 3-237 舍利殿正立面图（含玉皇楼）

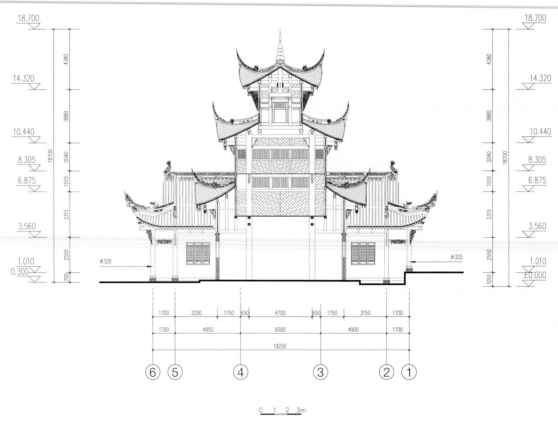

图 3-238 舍利殿背立面图（含玉皇楼纵剖面）

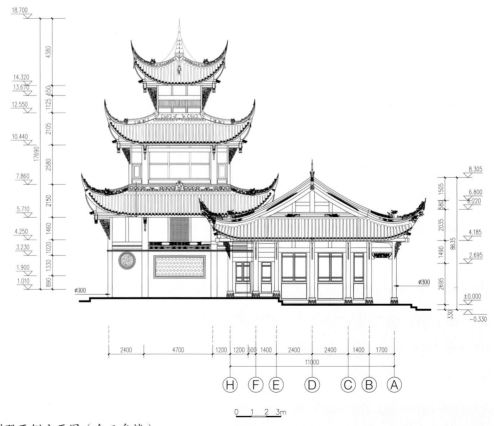

图 3-239 舍利殿西侧立面图（含玉皇楼）

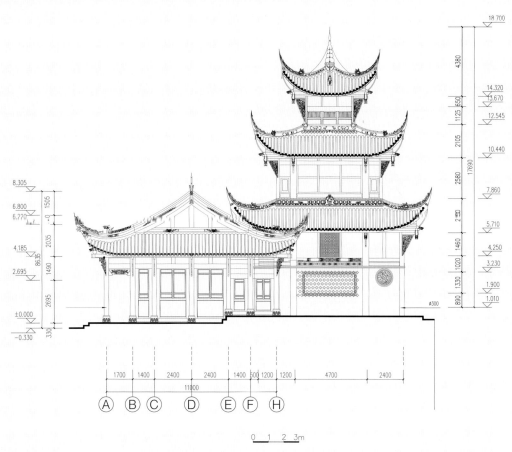

图 3-240 舍利殿东侧立面图（含玉皇楼）

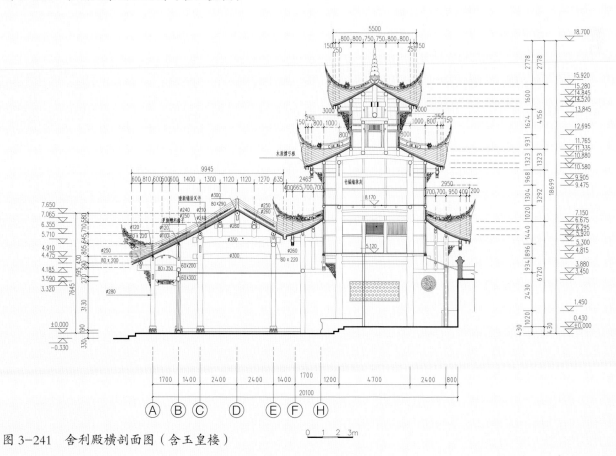

图 3-241 舍利殿横剖面图（含玉皇楼）

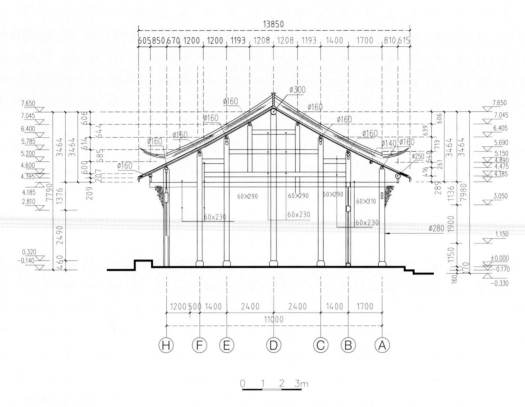

图 3-242　舍利殿横剖面图

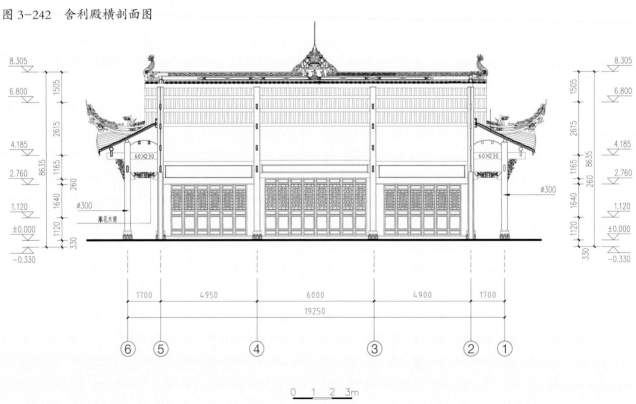

图 3-243　舍利殿纵剖面图

（十）三十三观音殿

1. 建设年代：原建于明正统年间（1436~1449 年），清代重建。曾名戒堂。

2. 建筑体量：三开间。通面阔 23.15 米，通进深 11.495 米，正脊高 8.24 米，建筑面积 274.48 平方米。

3. 木构架形式：抬梁式。檐柱直径 0.22 米，金柱直径 0.32 米。

4. 屋顶形式：悬山顶。

5. 出檐构件（除檐椽，飞檐椽）：挑枋。

6. 脊饰：正脊端鱼龙吻。宝顶中间有"卍"字纹中堆。

7. 上檐出和下檐出：上檐出 1.2 米，下檐出 0.6 米。山墙净出挑 0.84 米。

8. 瓦件类型：小青瓦。

9. 台明高度：正面 0.77 米，两侧及背面 0.1 米。

10. 踏跺形式：无。

11. 门槛高度：0.29 米（内高 0.2 米）。

12. 主供佛像：约 1.1 米高的三十三观音铜像。

13. 楹联：开妙法莲花，现应化身，济世消灾行广德；
结普门善果，奉如来教，循声救苦拯群迷。

14. 牌匾：乘愿而来、法海无边、三十三观音殿（图 3-244~255）。

图 3-244　三十三观音殿

图 3-245　三十三观音殿脊饰

图 3-246　三十三观音殿拱形轩梁

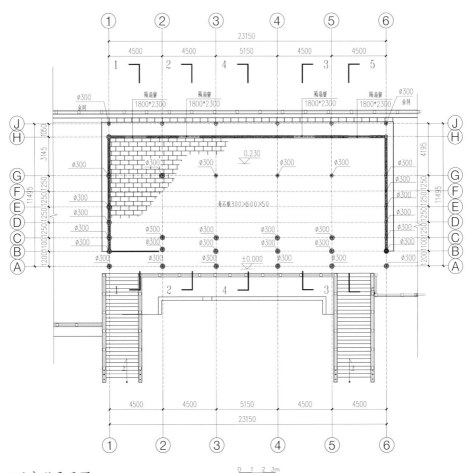

图 3-247　三十三观音殿平面图

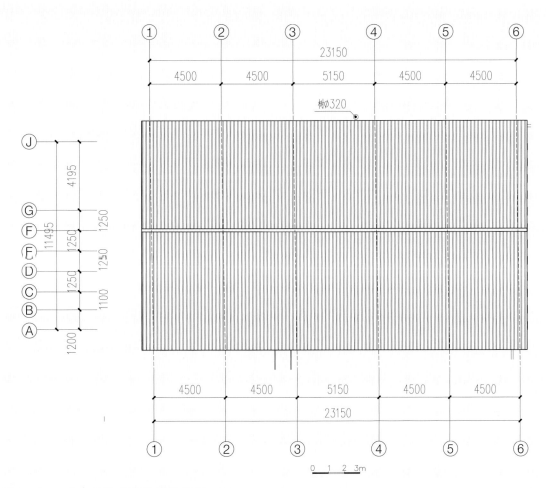

图 3-248 三十三观音殿屋顶平面图

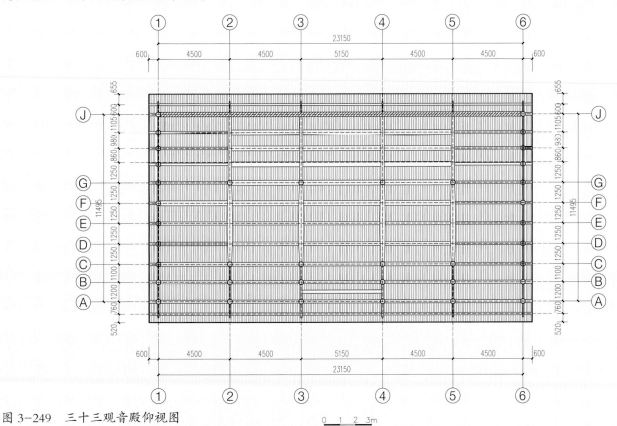

图 3-249 三十三观音殿仰视图

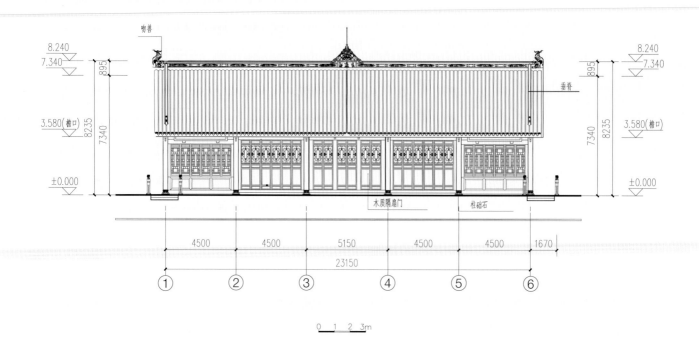

图 3-250　三十三观音殿正立面图

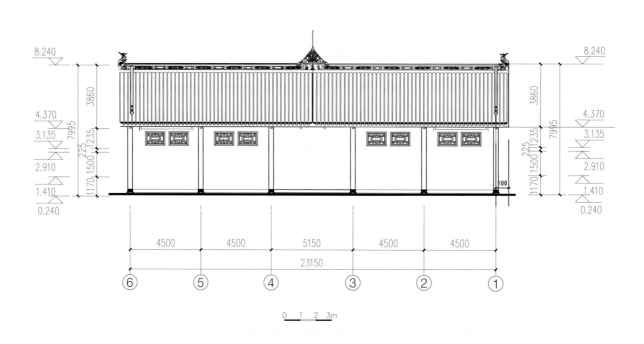

图 3-251　三十三观音殿背立面图

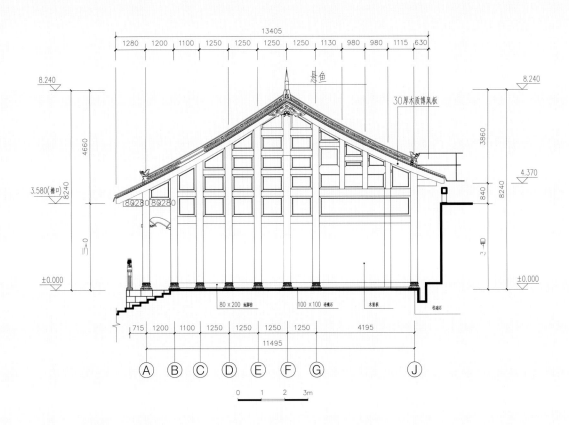

图 3-252 三十三观音殿东侧立面图

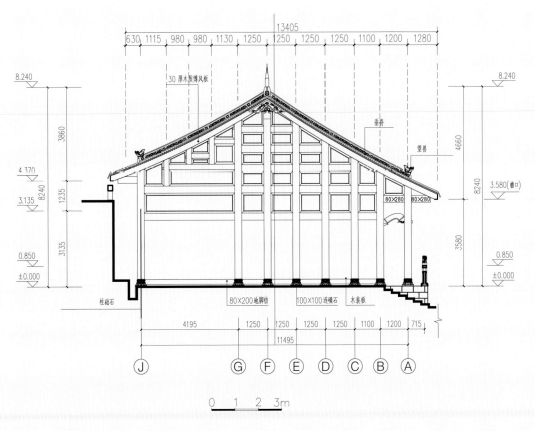

图 3-253 三十三观音殿西侧立面图

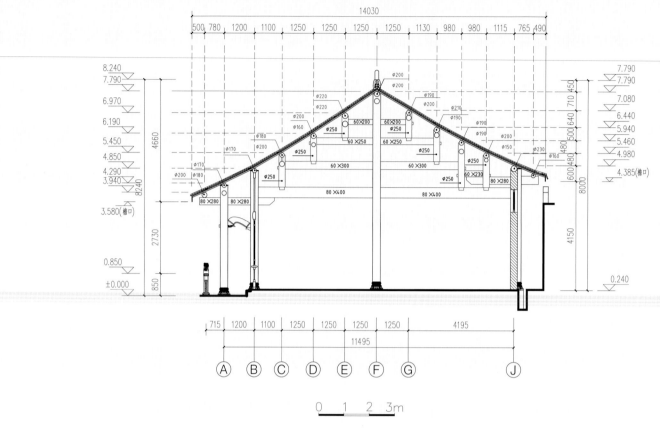

图 3-254　三十三观音殿剖面图（一）

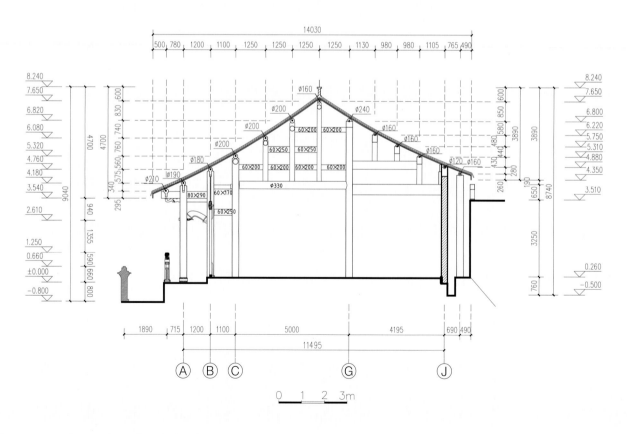

图 3-255　三十三观音殿剖面图（二）

（十一）东厢房

1. 建设年代：清代。

2. 建筑体量：八开间。通面阔 29.63 米，通进深 6.37 米，正脊高 5.66 米，建筑面积 197.44 平方米。

3. 木构架形式：穿斗式；五柱七檩。

4. 屋顶形式：悬山顶，清水脊，无垂脊。

5. 出檐构件（除檐椽，飞檐椽）：挑枋。

6. 脊饰：叠瓦脊，正脊端有挑角，中堆为叠瓦。

7. 上檐出和下檐出：上檐出 1.05 米，下檐出 1 米。悬山外挑 0.7 米。

8. 瓦件类型：小青瓦。

9. 台明高度：正面 0.15 米，背面 1.3 米（图 3-256~261）。

图 3-256　东厢房脊饰

图 3-257　东厢房

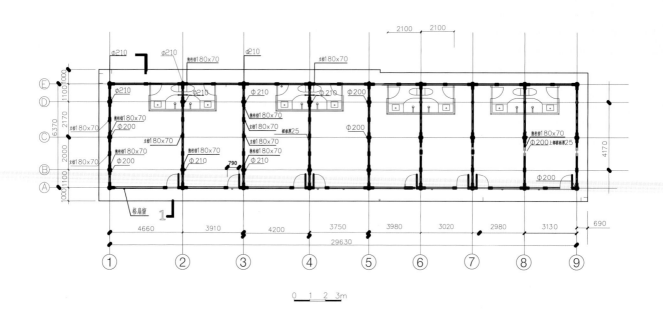

图 3-258　东厢房平面图

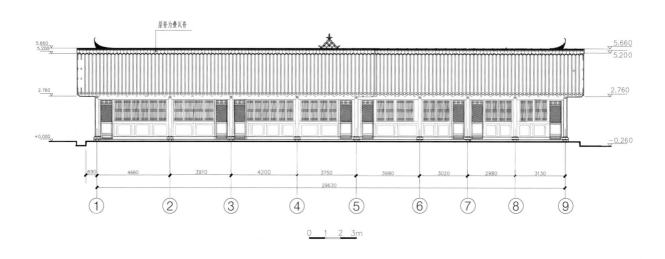

图 3-259　东厢房正立面图

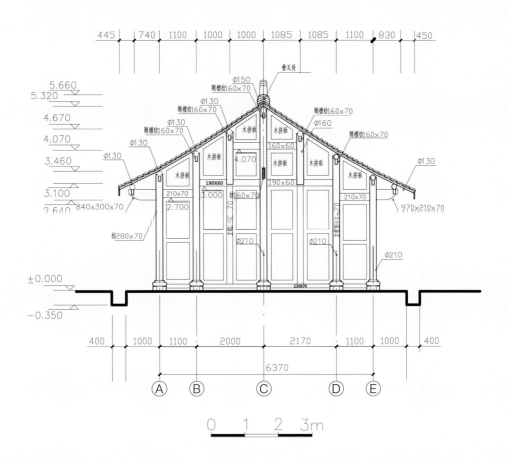

图 3-260　东厢房侧立面图

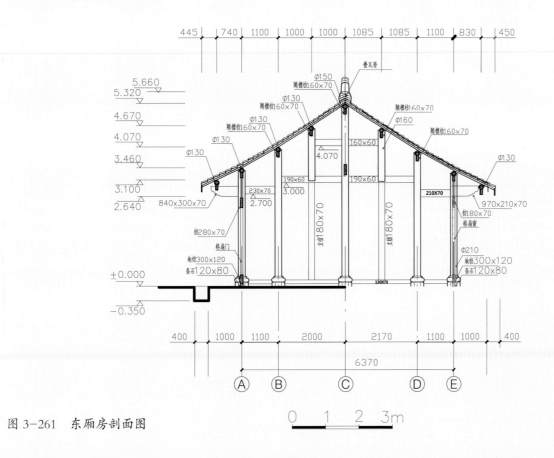

图 3-261　东厢房剖面图

（十二）西厢房

1. 建设年代：清代。

2. 建筑体量：七开间。通面阔 32.7 米，通进深 7.2 米，正脊高 6.21 米，建筑面积 245.07 平方米。

3. 木构架形式：穿斗式；四柱六檩。

4. 屋顶形式：悬山顶，清水脊，无垂脊。

5. 出檐构件（除檐椽，飞檐椽）：挑枋。

6. 脊饰：正脊端有挑角，中堆为三角形台阶叠瓦。

7. 上檐出和下檐出：上檐出 1.05 米，下檐出 1 米。

8. 瓦件类型：小青瓦。

9. 台明高度：正面 0.15 米（图 3-262~267）。

图 3-262　西厢房挑枋

图 3-263　西厢房

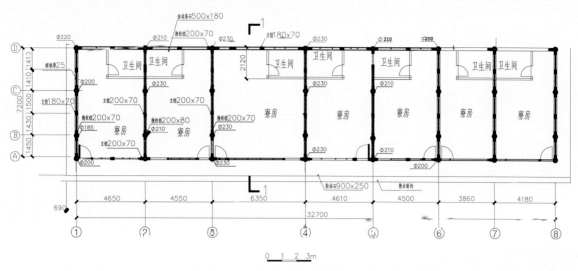

图 3-264　西厢房平面图

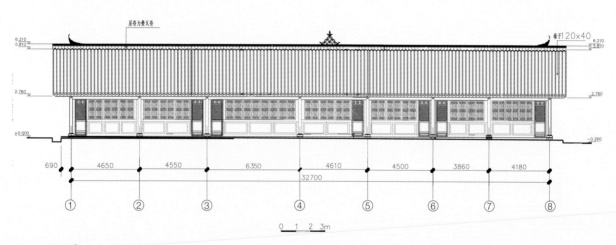

图 3-265　西厢房正立面图

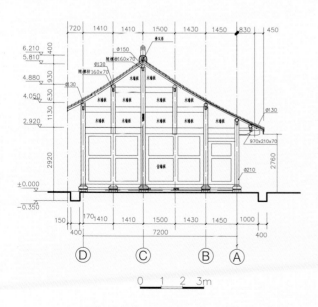

图 3-266　西厢房侧立面图

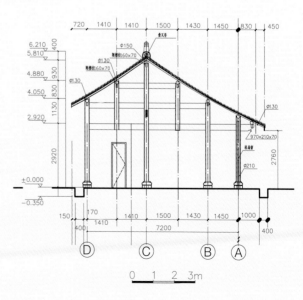

图 3-267　西厢房剖面图

（十三）放生池

放生池是佛教寺院必备的建设项目，其功用是便于信众放生，培养信众的慈悲心。

广德寺放生池位于山门前。1980 年，放生池面积约为 2400 平方米，现总占地面积仅为 2304 平方米（含202 平方米的池心岛）。放生池呈不规则曲线形，四周有树木围合，中心建岛。池水清澈，常见鱼龟在池中游弋（图 3-268、269）。

图 3-268　1980 年放生池

图 3-269　放生池

四、仿明清建筑

（一）大山门牌坊

1. 位置：位于长寿梯上端。

2. 建设年代：1987年。

3. 建筑体量：三开间，通面阔16.05米；明间正脊高11.025米，次间正脊高9.4米。

4. 出檐形式：七踩斗栱。

5. 屋顶形式：歇山顶。

6. 上檐出和下檐出：上檐出1.35米。

7. 翼角冲出和起翘：屋角起翘1.3米。

8. 瓦件类型：金黄色琉璃瓦。

9. 基座形式：须弥座，上立狮、象。

10. 牌匾：赵朴初题，正题"广德寺""西来第一禅林"、背题"多闻多思"（图3-270~279）。

图3-270 大山门牌坊

图3-271 大山门牌坊斗栱

图3-272 大山门牌坊翘角

图 3-273　大山门牌坊脊饰

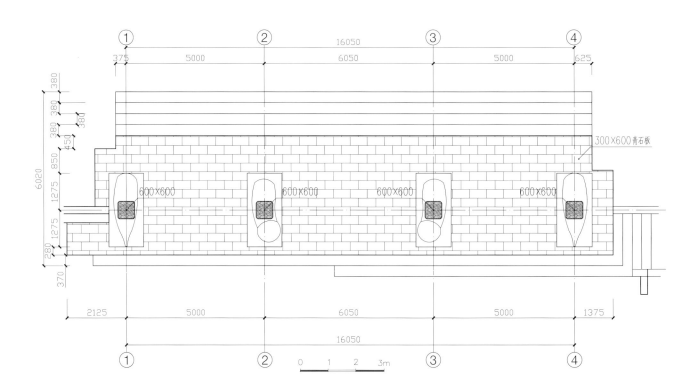

图 3-274　大山门牌坊平面图

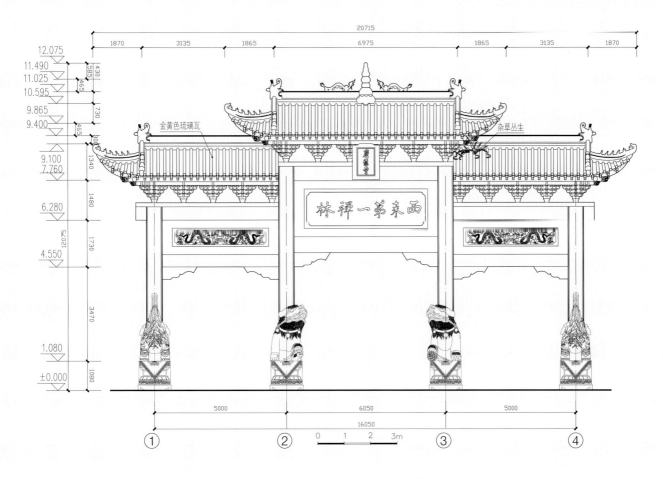

图 3-275　大山门牌坊正立面图

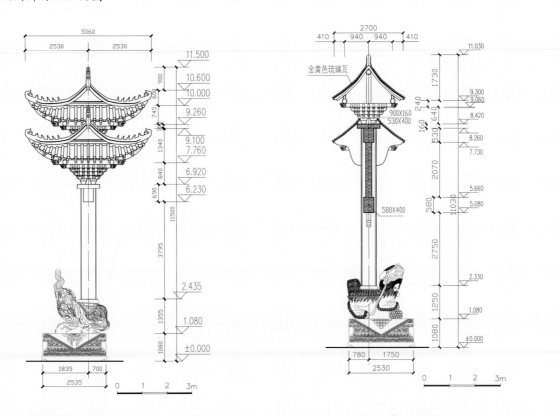

图 3-276　大山门牌坊侧立面图　　　　　　图 3-277　大山门牌坊纵剖面图

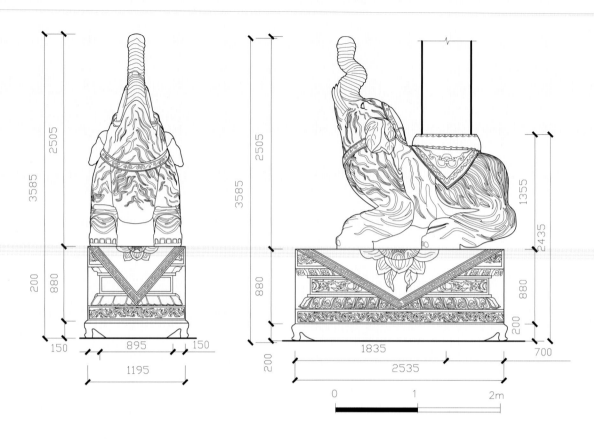

图 3-278　大山门牌坊大象座正、侧立面图

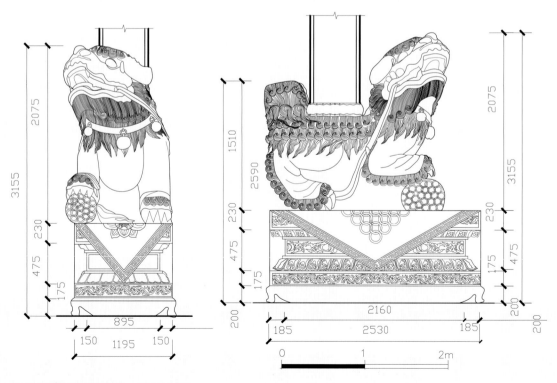

图 3-279　大山门牌坊雄师座正、侧立面图

（二）南山门牌坊

1. 位置：位于圆觉桥东南方。

2. 建设年代：1996 年。

3. 建筑体量：三开间，通面阔 15.6 米。明间正脊高 12.07 米，次间正脊高 10.88 米。

4. 出檐形式：七踩斗栱。

5. 屋顶形式：歇山顶。

6. 上檐出和下檐出：上檐出 1.36 米。

7. 翼角冲出和起翘：屋角起翘 1.3 米。

8. 瓦件类型：金黄色琉璃瓦。

9. 基座形式：须弥座，明间两侧须弥座上有倒立狮。

10. 楹联：视贪嗔痴爱为劲敌，持此不二法门证无上道；
　　　　　合动植飞潜归化宇，愿与大千世间结至善缘。

11. 牌匾：敕赐、广德禅寺（图 3-280~289）。

图 3-280　南山门牌坊

图 3-281　南山门牌坊斗栱

图 3-282　南山门牌坊翘角

图 3-283 南山门牌坊脊饰

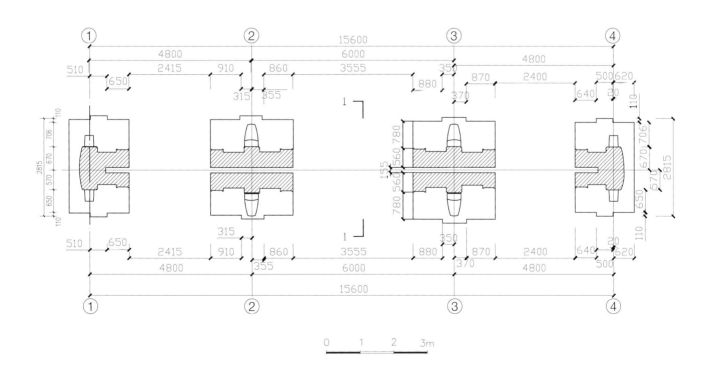

图 3-284 南山门牌坊平面图

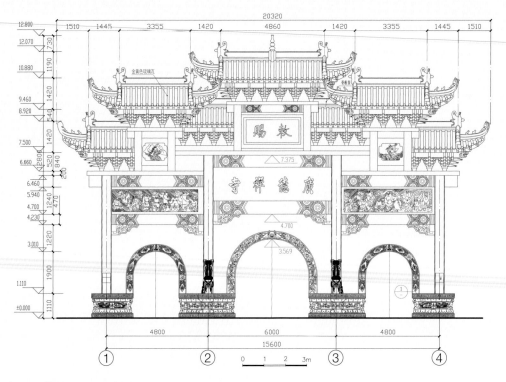

图 3-285　南山门牌坊正立面图

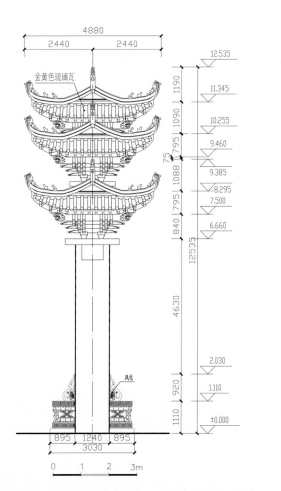

图 3-286　南山门牌坊侧立面图

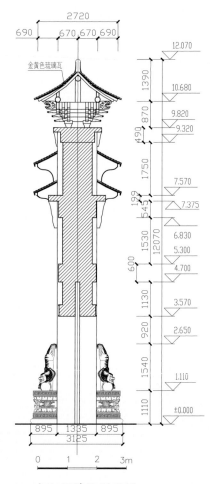

图 3-287　南山门牌坊剖面图

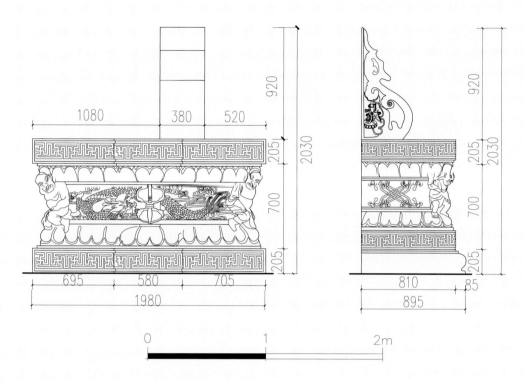

图 3-288　南山门牌坊端柱须弥座正、侧立面图

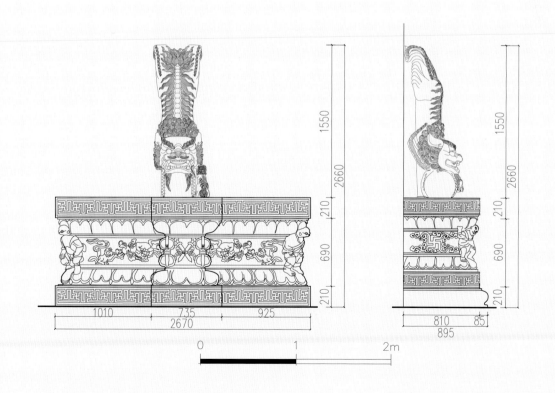

图 3-289　南山门牌坊中部须弥座倒立狮正、侧立面图

（三）大雄宝殿

1. 建设年代：始建于明洪武年间，1991~1992 年复建。

2. 建筑体量：五开间。通面阔 20.8 米，明间阔 6 米，通进深 17.56 米，正脊高 14.7 米。建筑面积 377.79 平方米。

3. 木构架形式：抬梁式，双中柱七檩。檐角柱直径 0.46 米，檐中柱直径 0.45 米，金柱直径 0.542 米，有前廊。

4. 屋顶形式：重檐歇山顶。

5. 出檐构件（除檐椽，飞檐椽）：斗栱。

（1）斗栱类型：下檐下为七踩重昂彩绘斗栱，上檐下同。

（2）斗栱数量：下檐下明间 4 朵，次间 3 朵；上檐下明间 4 朵，次间 2 朵。

（3）斗栱下构件：平板枋、额枋、额垫板、小额枋，均有彩绘，为金龙和玺彩画。

6. 脊饰：琉璃脊。正脊兽吻为正吻，有垂兽，戗脊有仙人和三走兽。

7. 上檐出和下檐出：上檐出 1.75 米，下檐出 1.62 米。

8. 翼角冲出和起翘：翼角冲出不明显。起翘主要靠塑脊起翘，下檐起翘 0.52 米，上檐起翘 0.52 米。

图 3-290　大雄宝殿

9. 瓦件类型：金黄色琉璃瓦。

10. 台明高度：1.34 米。

11. 踏跺形式：御路踏跺。

12. 门槛高度：0.37 米。

14. 天棚：彩绘天花。

13. 柱顶石：高 0.65 米，外形由扁鼓、八角雕花墩和莲花覆盘组成，石质。

15. 主供佛像：主尊为通高 4.6 米的释迦牟尼坐像，胁侍为通高 2.75 米的阿难、迦叶像。后殿主尊为通高 3.6 米的阿弥陀佛立像；两侧胁侍为高 1.7 米的十八罗汉像。

16. 楹联：终朝趺坐殿中，耳不闻口不言动定无心问头陀果因证否；

放眼静观世外，死何畏生何喜盈虚有数悯大地色相空然。

教演三乘，广摄万类登觉路；

法传千古，普渡群生证菩提。

妙相庄严，接引众生归净土；

愿行成就，超登上品觐善尊。

德音不尽，示清净菩提，令远离妄想及诸烦恼；

智海无边，见庄严法相，使普现光明于此世间。

佛在心中，来去莫忙，专一方能登觉岸；

身临座下，利名当淡，虔诚即可见灵山。

教化群生，智慧明心开觉路；

指归极乐，虔诚悟道被慈光。

17. 牌匾：大雄宝殿、广德再兴、普闻正法、德沛晨宇、宝殿重光、正法久住、正法眼藏、法相庄严、南无阿弥陀佛、微妙法幢、佛地重光。

18. 碑刻：两墙刻有 2014 年阳作廉撰《维修善济塔碑记》，东墙刻有 2009 年何开四撰《己丑抢修广德寺大雄宝殿碑记》（图 3-290~300）。

图 3-291　大雄宝殿斗栱

图 3-292　大雄宝殿翘角

图 3-293　大雄宝殿脊饰

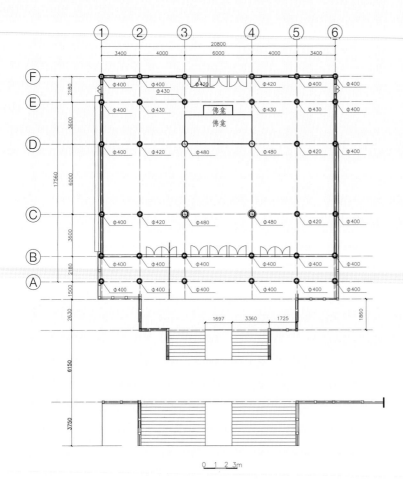

图 3-294 大雄宝殿平面图

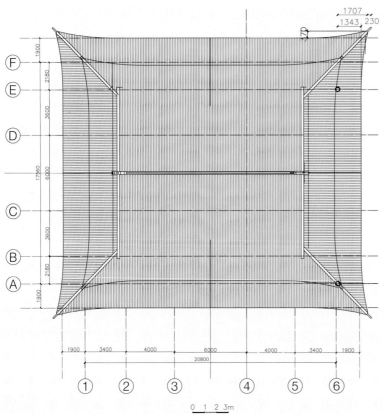

图 3-295 大雄宝殿屋顶平面图

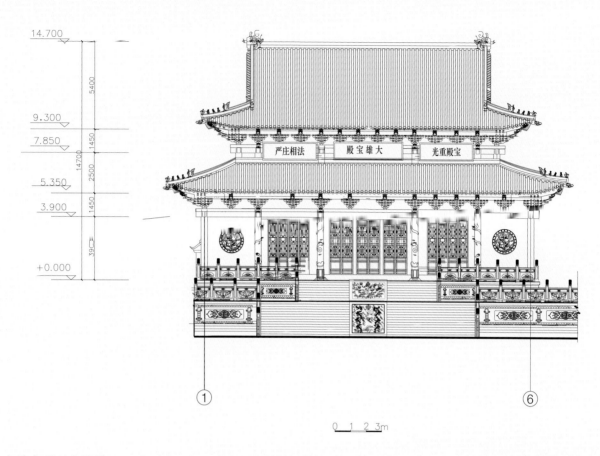

14.700
9.300
7.850
5.350
3.900
+0.000

5400
1450
2500
1450
14700
39

严庄相法 殿宝雄大 光重殿宝

① ⑥

0 1 2 3m

图 3-296 大雄宝殿正立面图

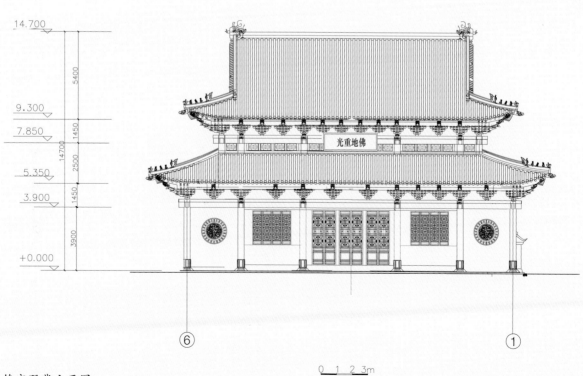

14.700
9.300
7.850
5.350
3.900
+0.000

5400
1450
2500
1450
3900
14700

光重地佛

⑥ ①

0 1 2 3m

图 3-297 大雄宝殿背立面图

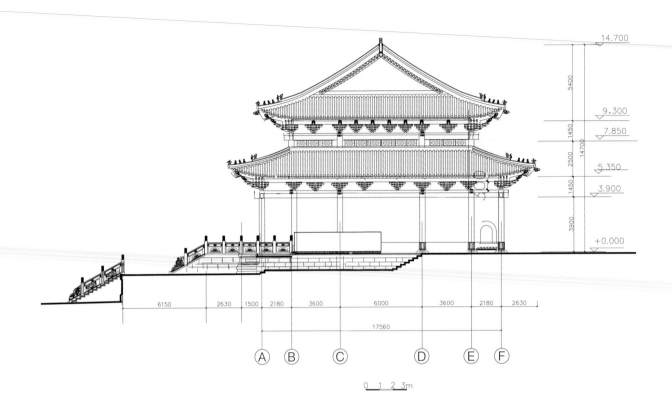

14.700

9.300
7.850

5.350

3.900

+0.000

5400
1450
2500
1450
3900
14700

6150 2630 1500 2180 3600 6000 3600 2180 2630

17560

Ⓐ Ⓑ Ⓒ Ⓓ Ⓔ Ⓕ

0 1 2 3m

图 3-298 大雄宝殿东侧立面图

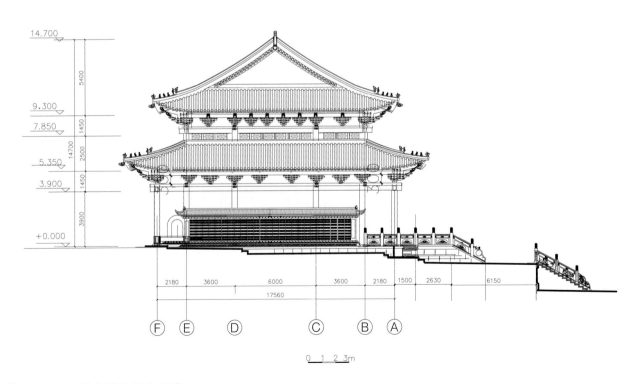

14.700

9.300

7.850

5.350

3.900

+0.000

5400
1450
2500
1450
3900
14700

2180 3600 6000 3600 2180 1500 2630 6150

17560

Ⓕ Ⓔ Ⓓ Ⓒ Ⓑ Ⓐ

0 1 2 3m

图 3-299 大雄宝殿西侧立面图

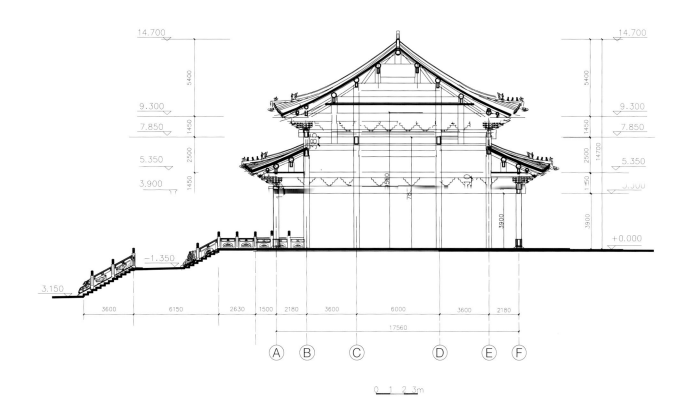

图 3-300 大雄宝殿横剖面图

（四）法堂

1. 建设年代：始建于明洪武全宣德年间（1368~1435 年），1988 年复建。曾名藏经楼。

2. 建筑体量：七开间。通面阔 30.74 米，通进深 13.8 米，正脊高 13.28 米。一层建筑面积 416.16 平方米，二层建筑面积 358.82 平方米。

3. 木构架形式：抬梁式砖木结构，带前后廊。

4. 屋顶形式：重檐歇山顶（二层楼）。

5. 出檐构件（除檐椽，飞檐椽）：挑枋、吊瓜、撑弓。

6. 脊饰：灰塑脊，脊侧有雕花。正脊兽吻为鸱吻，有垂兽。

7. 上檐出和下檐出：上檐出 1.6 米，下檐出 1.5 米。

8. 翼角冲出和起翘：翼角冲出不明显。起翘主要靠塑脊起翘，下檐起翘 1.5 米，上檐起翘 1.6 米。

9. 瓦件类型：小青瓦。

10. 台明高度：0.3 米。

11. 门槛高度：0.2 米。

12. 主供佛像：狮子吼图，泰国南传释迦牟尼像。

13. 楹联：幽祖开山，历宋元明清，保唐法炬辉三蜀；

名蓝弘道，宣禅净讲律，广德梵音震九州。

福慧庄严成无上道，慈悲广大度有缘人。

拈花悟旨付心印，涅槃契机仰能仁。

发心求正觉，忘己度群生。

悬佛日于中天光含大地，灿明珠于性海彩彻十方。

广德寺金莲涌地，观音湖碧浪连天。

广中华至德，燃佛法明灯。

广舌传禅法，德晖遍天下。

广德乾坤顺，观音世界尊。

14. 牌匾：慈悲法门、高树法幢、正法眼藏、人天师表、狮吼雷音、如来法嗣、道场重晖、慧海慈云、方丈、兴无缘慈、法度重光、运同体悲、藏经宝殿、深入经藏、智慧如海（图3-301~312，其中图3-305、306为修缮方案图）。

图 3-301 法堂

图 3-302 法堂翘角

图 3-303 法堂脊饰

图 3-304 法堂挑枋、吊瓜、撑弓

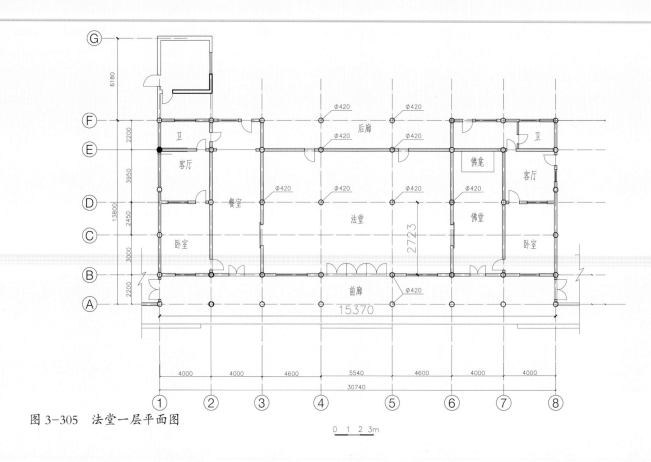

图 3-305　法堂一层平面图

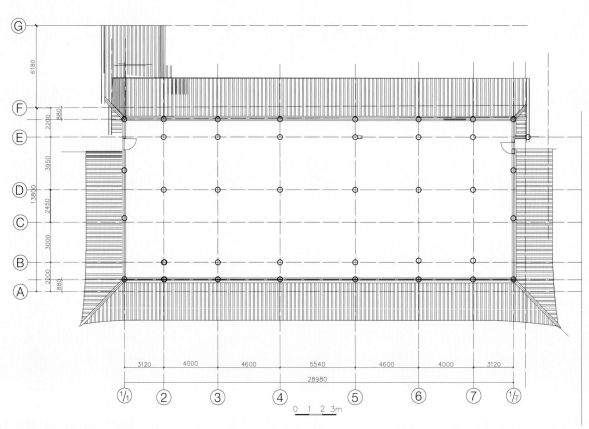

图 3-306　法堂二层平面图

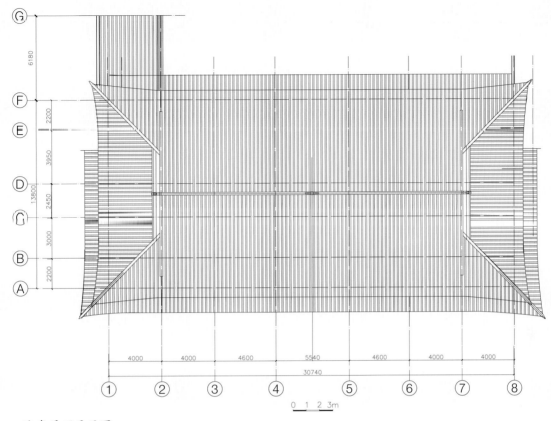

图 3-307 法堂屋顶平面图

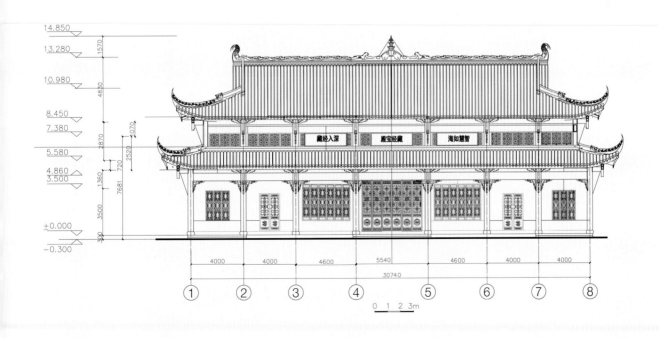

图 3-308 法堂正立面图

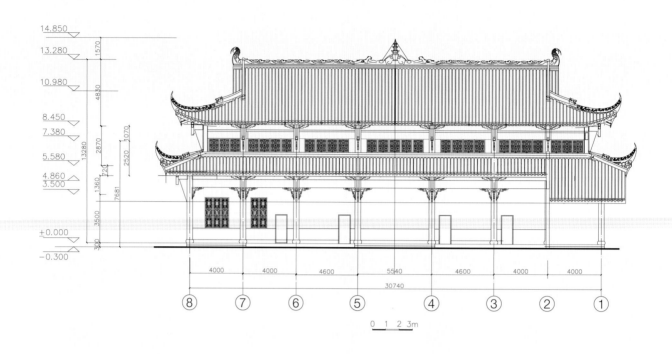

图 3-309　法堂背立面图

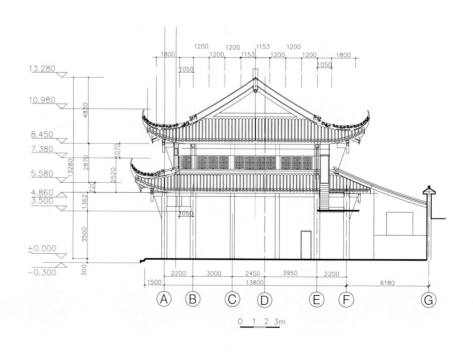

图 3-310　法堂东侧立面图

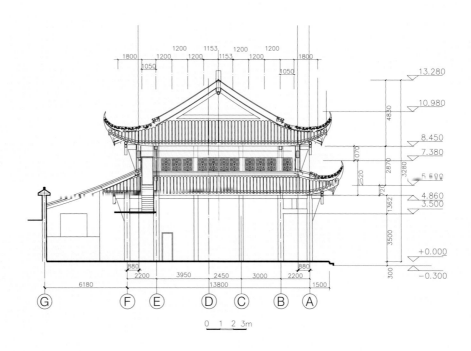

图 3-311　法堂西侧立面图

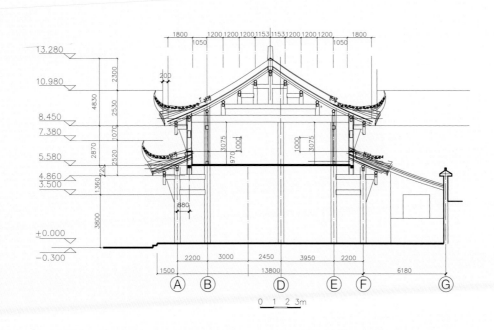

图 3-312　法堂剖立面图

（五）钟楼

1. 建设年代：1995 年复建。曾名东岳祠。

2. 建筑体量：三开间。通面阔 9.43 米，通进深 8.4 米，正脊高 14.16 米，建筑面积177.17 平方米。

3. 木构架形式：抬梁式，四柱七檩。檐柱直径 0.38~0.4 米，金柱直径 0.5~0.62 米。

4. 屋顶形式：三重檐歇山顶。

图 3-313　钟楼

图 3-315　钟楼翘角

图 3-314　钟楼斗栱

图 3-316　钟楼脊饰

5.出檐构件（除檐椽，飞檐椽）：斗栱。

（1）斗栱类型：下檐下为四铺作彩绘斗栱，上檐下为五铺作彩绘斗栱。

（2）斗栱数量：下檐下明间 2 朵。

（3）斗栱下构件：普柏枋。

6.脊饰：琉璃脊。正脊兽为正吻，宝瓶宝顶，有垂兽，上戗脊有仙人和 4 走兽。

7.上檐出和下檐出：上檐出 1.58 米。

8.翼角冲出和起翘：翼角冲出不明显。起翘主要靠塑脊起翘，下檐起翘 0.92 米，上檐起翘 1.06 米。角梁沿袭宋制。

9.瓦件类型：金黄色琉璃瓦。

10.门槛高度：0.31 米。

11.主供佛像：燃灯佛。

12.楹联：晚磬安禅寺庙静，晨钟惊梦古刹晖（旧联）。

13.牌匾：闻钟彻悟（旧匾）、金钟（图 3-313~322）。

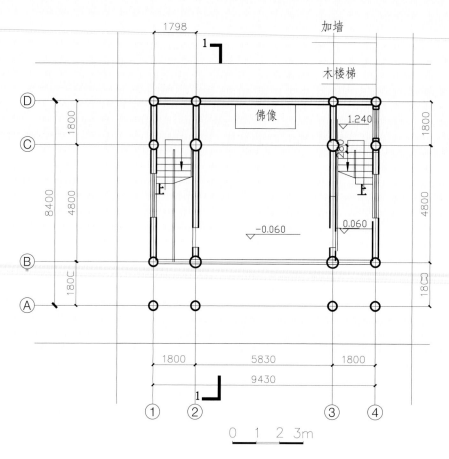

图 3-317 钟楼一层平面图

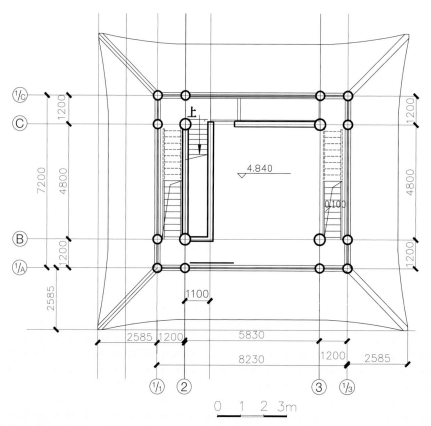

图 3-318 钟楼二层平面图

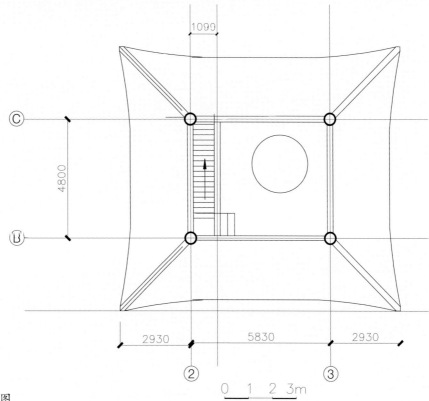

图 3-319　钟楼三层平面图

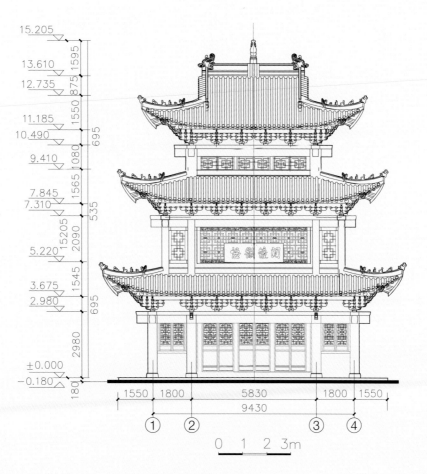

图 3-320　钟楼正立面图

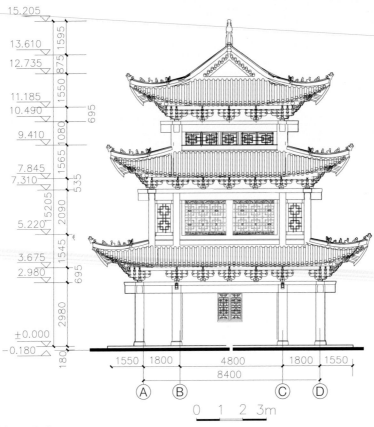

图 3-321　钟楼侧立面图

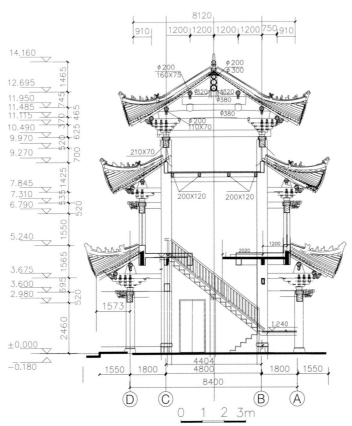

图 3-322　钟楼横剖面图

（六）问本堂

1. 建设年代：1993 年建成。曾名东法堂。

2. 建筑体量：与法堂组成四合院，正面三开间，主体二层楼，院南为一层。主体底层为问本堂（会议室），其余为客房；庭院尺寸 12.39 米 ×6.2 米（不含走廊）。四合院面阔 20.76 米，进深 19.84 米，主脊高 9.48 米。一层建筑面积 278.32 平方米，二层建筑面积 234.90 平方米。

3. 结构形式：钢筋砖木混凝土结构。

4. 屋顶形式：单檐歇山顶。

5. 出檐构件（阶檐椽、飞檐椽）：上檐挑枋加撑弓板，下檐为挑枋。

6. 脊饰：灰塑脊。正脊兽吻为鱼龙吻，吻外有翘角。宝瓶宝顶，饰佛像和莲花。垂脊无垂兽。

7. 上檐出和下檐出：前檐上檐出 1.7 米，下檐出 1.6 米。

8. 翼角冲出和起翘：翼角戗脊起翘 0.9 米。

9. 瓦件类型：小青瓦。

10. 台明高度：0.2 米。

11. 楹联：勤诵经论，巧悟机锋，共研微妙禅关畅；恭遵佛旨，虔聆师道，同证菩提觉路宽。

12. 牌匾：问本堂（图 3-323~333）。

图 3-323 问本堂

图 3-324　问本堂脊饰　　　　　　　　　图 3-325　问本堂挑枋、撑弓板

图 3-326　问本堂翘角

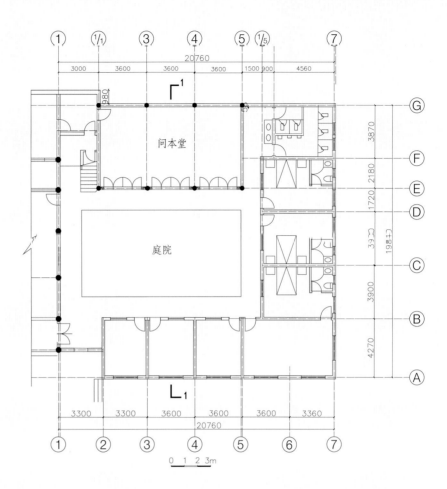

图 3-327 问本堂一层平面图

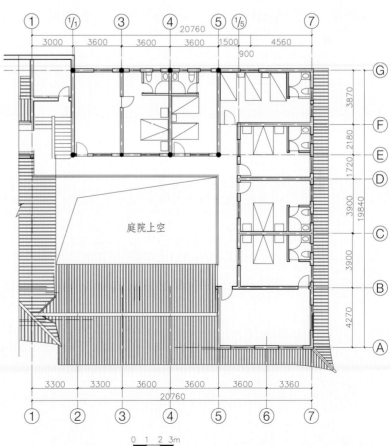

图 3-328 问本堂二层平面图

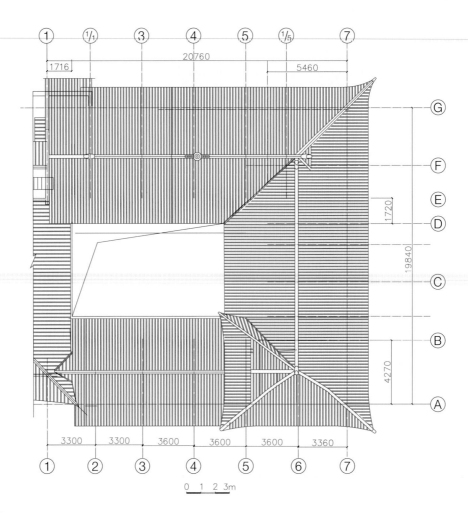

图 3-329 问本堂屋顶平面图

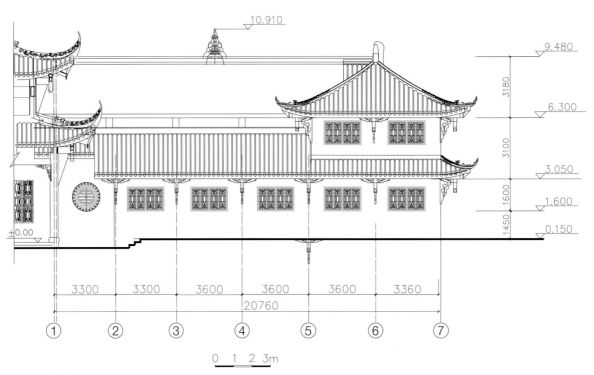

图 3-330 问本堂正立面图

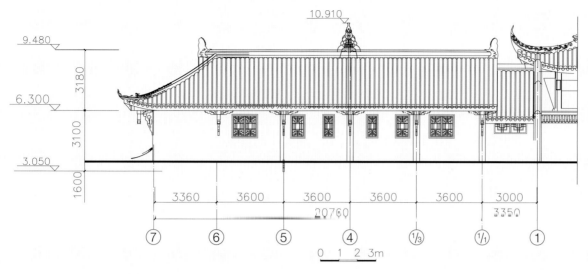

图 3-331　问本堂背立面图

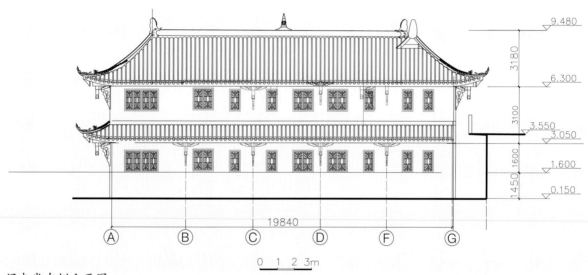

图 3-332　问本堂东侧立面图

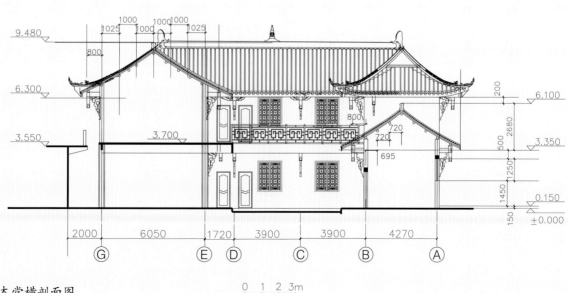

图 3-333　问本堂横剖面图

（七）御印堂

1. 建设年代：1996 年建成。曾名西法堂。

2. 建筑体量：与法堂组成四合院，正面三开间，主体二层楼，院南为一层，其中底层为御印堂，其余为接待室。庭院尺寸 12.39 米 ×6.2 米（不含走廊）。面阔 18.54 米，进深 20.88 米，主脊高 9.57 米。一层建筑面积 311.28 平方米，二层建筑面积 234.86 平方米。

3. 结构形式：钢筋混凝土结构。

4. 屋顶形式：单檐歇山顶；面对庭院中部悬有抱厦。

5. 出檐构件（除檐椽，飞檐椽）：上檐挑枋加撑弓板，下檐为挑枋。

6. 脊饰：灰塑脊。正脊兽吻为鱼龙吻，吻外有翘角。宝瓶宝顶，垂脊无垂兽。

7. 上檐出和下檐出：前檐上檐出 1.7 米，下檐出 1.6 米。

8. 翼角冲出和起翘：翼角戗脊起翘 0.9 米。

9. 瓦件类型：小青瓦。

10. 台明高度：0.2 米。

11. 主供佛像：供奉玉佛，展示宋代观音珠宝玉印和明代四国文字玉印。

12. 楹联：佛自西来，历万里行程，十方刹土灵光现；

　　　　　印为御赐，承千年脉运，三百伽蓝法雨飞。

13. 牌匾：玉印堂、玉佛堂（图 3-334~345）。

图 3-334 　御印堂内院

图 3-335 御印堂屋顶

图 3-336 御印堂翘角

图 3-337 御印堂脊饰

图 3-338 御印堂挑枋、撑弓

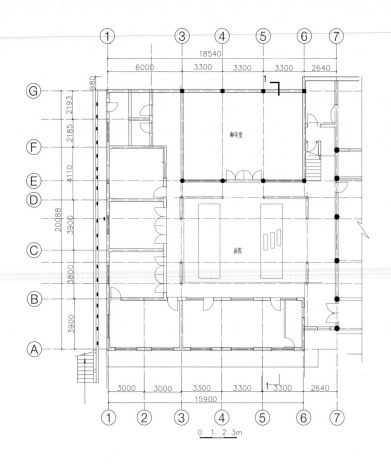

图 3-339　御印堂一层平面图

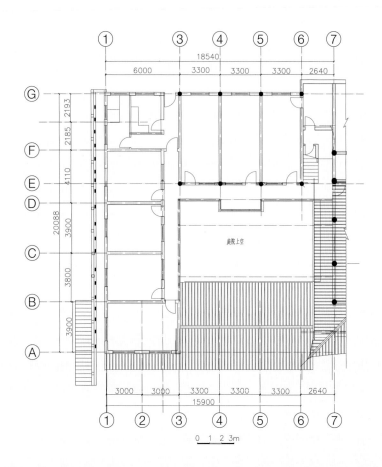

图 3-340　御印堂二层平面图

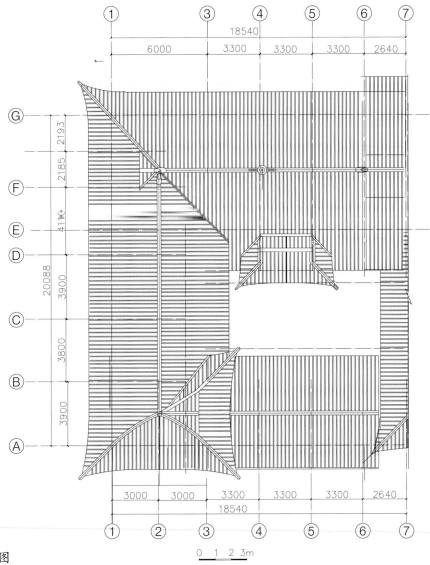

图 3-341　御印堂屋顶平面图

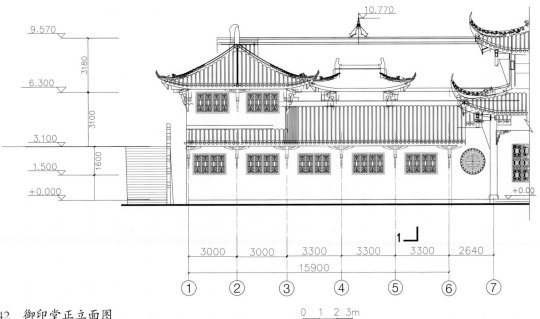

图 3-342　御印堂正立面图

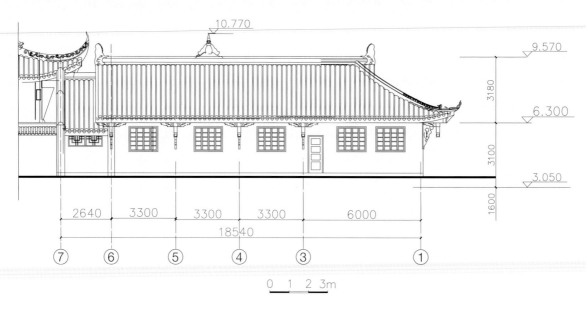

图 3-343　御印堂背立面图

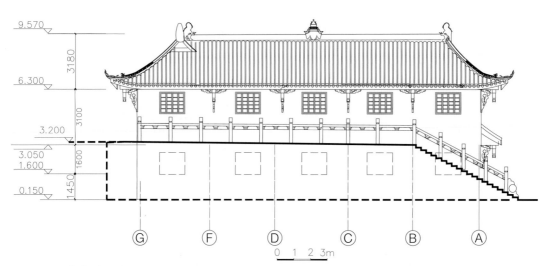

图 3-344　御印堂西侧立面图

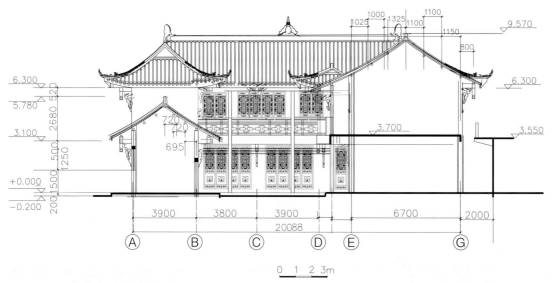

图 3-345　御印堂横剖面图

（八）祖堂

1. 建设年代：1988 年复建。

2. 建筑体量：五开间。通面阔 20.98 米，通进深 8.6 米，正脊高 8.1 米，建筑面积 187.58 平方米。

3. 木构架形式：抬梁式，五柱九檩；山墙穿斗式。

4. 屋顶形式：悬山顶。

5. 出檐构件（除檐椽，飞檐椽）：挑枋加撑弓。

6. 脊饰：鸱吻，宝瓶宝顶，垂脊有垂兽。

7. 瓦件类型：小青瓦。

8. 门槛高度：0.25 米。

9. 柱顶石：八交加鼓形，高 0.32 米。

10. 主供佛像：禅宗历代祖师和广德堂上历代祖师牌位，长念和尚坐像和海山和尚坐像。

11. 楹联：仰祖师德范，长传圣教；开弟子慧根，大振宗风。

遵祖师遗训，继承家业；教后学成才，大振宗风。

12. 牌匾：祖堂、衣钵相传（图 3-346~354）。

图 3-346　祖堂

图 3-347　祖堂宝顶

图 3-348　祖堂脊饰

图 3-349　祖堂挑枋、撑弓

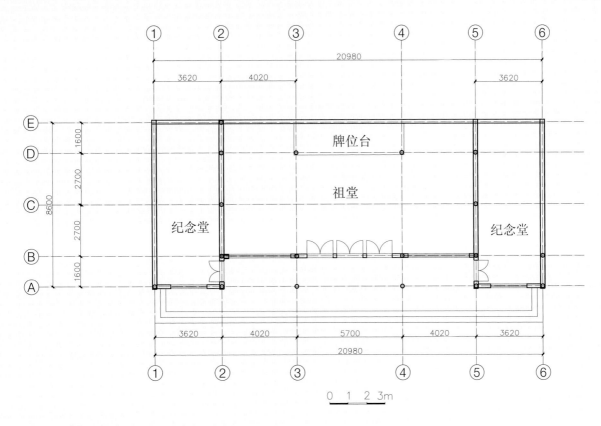

图 3-350 祖堂平面图

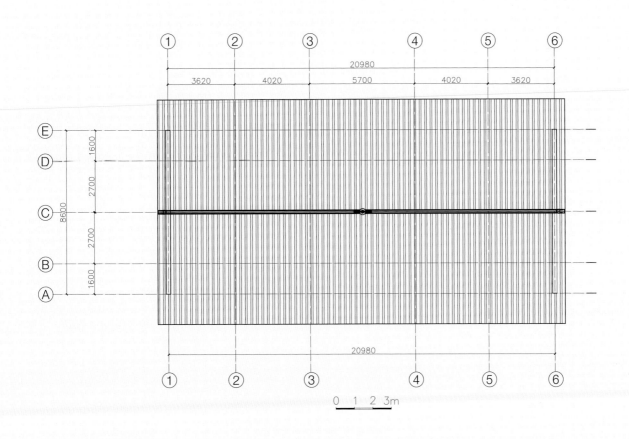

图 3-351 祖堂屋顶平面图

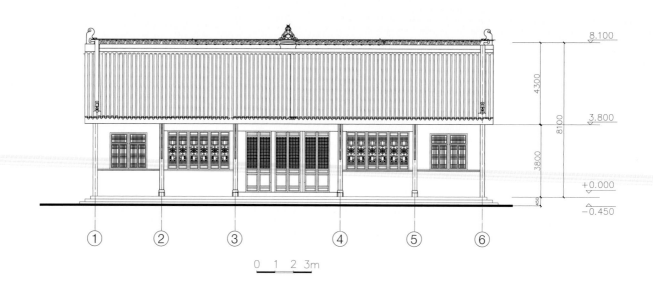

图 3-352　祖堂正立面图

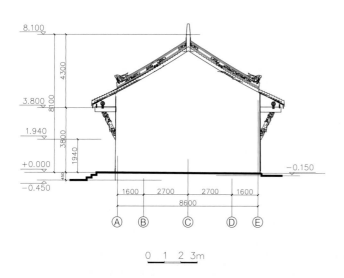

图 3-353　祖堂侧立面图

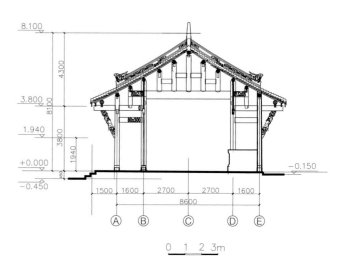

图 3-354　祖堂剖面图

（九）念佛堂

1. 建设年代：2017 年底建成。

2. 建筑体量：七开间，两层建筑。通面阔 31 米，通进深 18 米，主体进深 15.7 米；正脊高 11 米。一层高 5.2 米，二层高 3.5 米（局部高 5.35 米）。占地面积 671.36 平方米，建筑面积 909.85 平方米，其中一层建筑面积 528.1 平方米，二层建筑面积 381.75 平方米。

3. 结构形式：除入口抱厦为木结构外，其余为钢筋混凝土结构。

4. 屋顶形式：主体为重檐盝顶；重檐抱厦，顶部为卷棚顶。

5. 出檐构件：斗栱。

（1）斗栱类型：下檐下为五铺作素斗栱，上檐下为四铺作素斗栱。

（2）斗栱数量：除柱头和转角有斗栱外，柱间明间和次间有斗栱 3 朵，稍间有斗栱 2 朵，尽间有斗栱 1 朵。

（3）斗栱高：下檐斗栱 0.79 米，上檐斗栱 0.58 米。

（4）斗栱下构件：平板枋。

6. 脊饰：灰塑脊。正脊转角为正吻，翘角有望兽。正脊中宝顶为宝瓶加舍利塔，两侧有卷草。翘角有镂空卷草纹。

7. 上檐出和下檐出：上檐出 1.6 米，下檐出 1.55 米。

8. 翼角冲出和起翘：翼角冲出 0.4 米，起翘高度为 1.5 米。

9. 瓦件类型：灰筒瓦。

10. 台明高度：正面 0.45 米，背面 0.15 米。

图 3-355　念佛堂

图 3-356　念佛堂斗栱

图 3-357　念佛堂翘角

图 3-358　念佛堂宝顶

11. 踏跺形式：垂带踏跺。

12. 主供佛像：西方三圣像。

13. 楹联：知恩报恩爱国爱教，念佛成佛度吾度人。

14. 牌匾：念佛堂（图 3-355~364）。

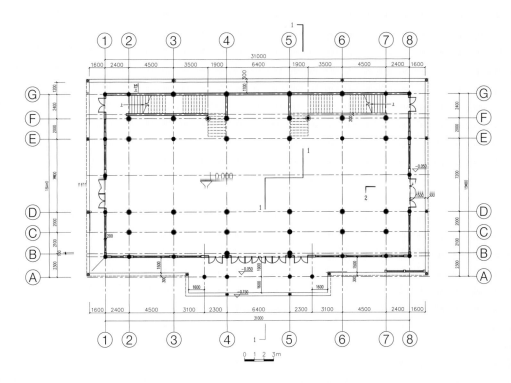

图 3-359　念佛堂一层平面图

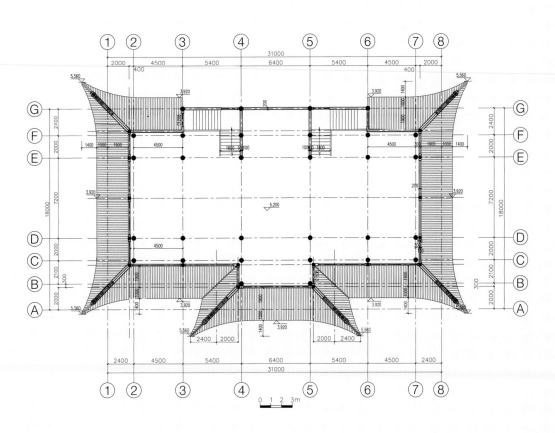

图 3-360　念佛堂二层檐平面图

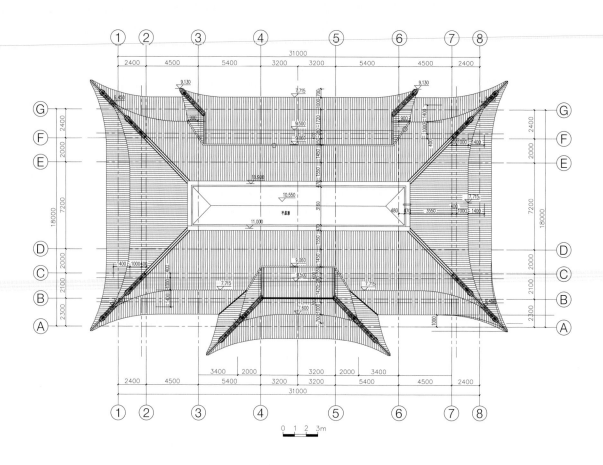

图 3-361　念佛堂屋顶平面图

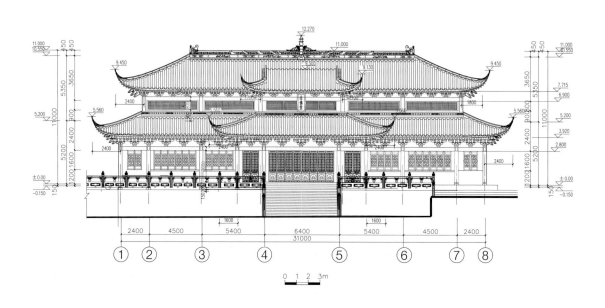

图 3-362　念佛堂正立面图

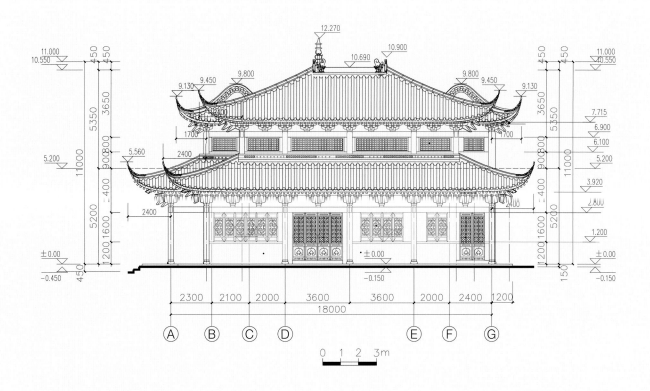

图 3-363 念佛堂北侧立面图

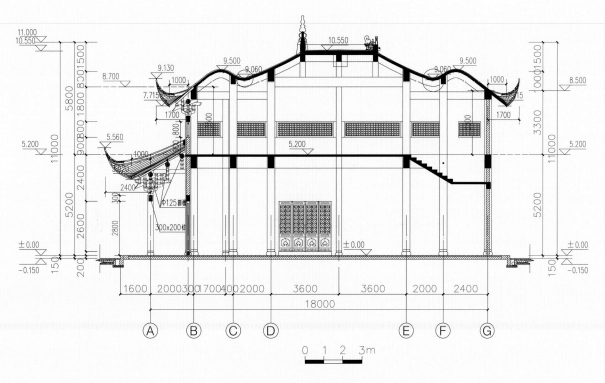

图 3-364 念佛堂横剖面图

（十）佛缘楼

1. 建设年代：1994 年。

2. 建筑体量：五开间。通面阔 16.66 米，主体进深 13 米，局部最大进深 15.37 米。建筑主体正脊高 16.745 米，局部高 20.78 米。主体分四层，其中一层高 4.31 米，二层高 3.58 米，三层高 3.47 米，四层 2.78 米。主体建筑面积 727.81 平方米，其中一层建筑面积 233.03 平方米，二层建筑面积 196.68 平方米，三层建筑面积 164.83 平方米，四层建筑面积 120.81 平方米。另有一建筑面积为 12.46 平方米的小顶层。

3. 结构形式：钢筋混凝土结构，局部屋顶为木构。

4. 屋顶形式：主体为四重檐歇山顶，重檐抱厦，局部五层为四角攒尖顶。

图 3-365　佛缘楼

图 3-366　佛缘楼翘角

图 3-367　佛缘楼脊饰

图 3-368　佛缘楼撑弓、吊瓜

5. 出檐构件：撑弓和吊瓜。

6. 脊饰：琉璃脊。东、西侧正脊端为正吻，翘角有望兽和两走兽。东侧正脊中宝顶为宝瓶，攒尖顶上有宝顶。

7. 上檐出和下檐出：上檐出 1.54 米，下檐出 1.4 米。

8. 翼角冲出和起翘：翼角冲出不明显，起翘高度为 1.51 米。

9. 瓦件类型：金黄色琉璃瓦。

10. 台明高度：0.45 米。

11. 踏跺形式：垂带踏跺。

12. 楹联：精持律仪清净山门祖师德泽，勤宣般若庄严国土如来家风。

　　　　东荫畅怀三宝偈，西来警梦一声钟。

　　　　广积善德度众生，普及科学兴邦国。

13. 牌匾：蜀中观音胜境（图 3-365~375）。

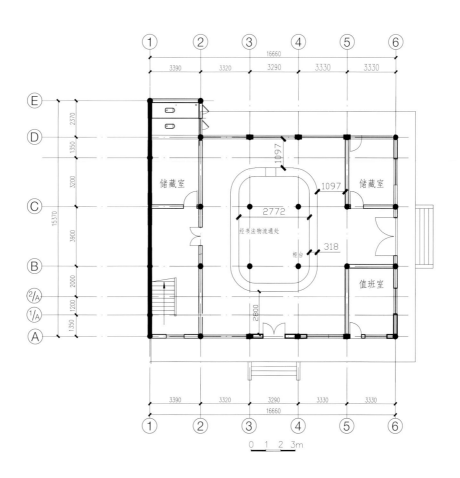

图 3-369　佛缘楼一层平面图

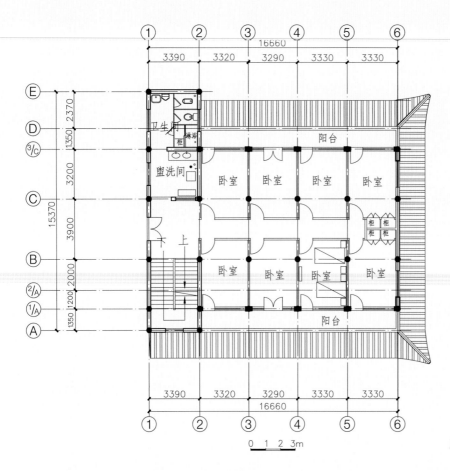

图 3-370　佛缘楼二层平面图

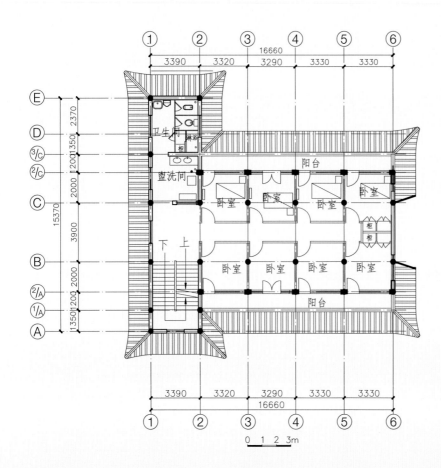

图 3-371　佛缘楼三层平面图

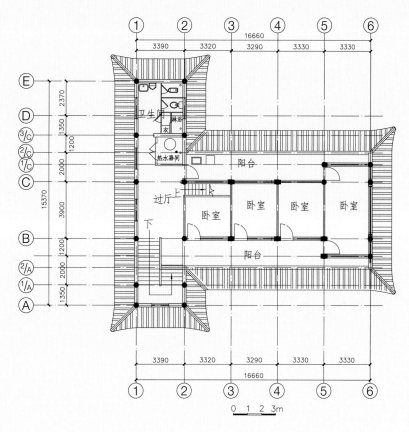

图 3-372　佛缘楼四层平面图

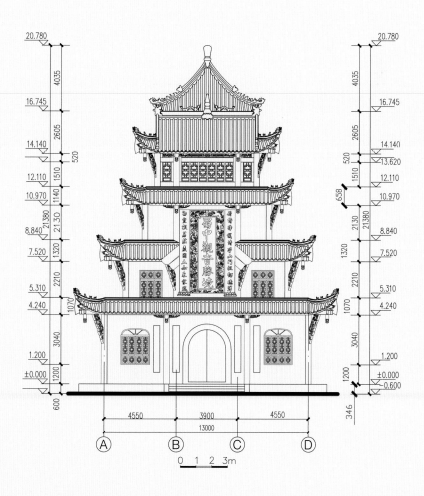

图 3-373　佛缘楼前端正立面图

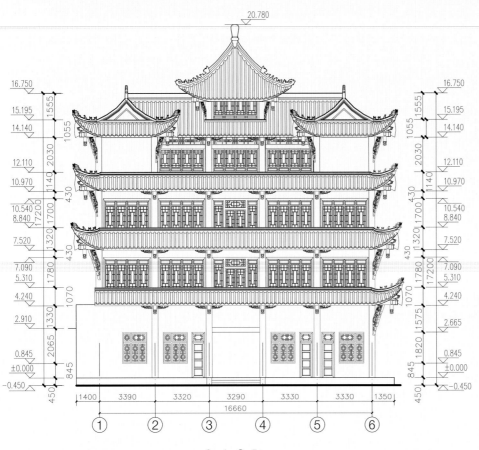

图 3-374　佛缘楼侧立面图

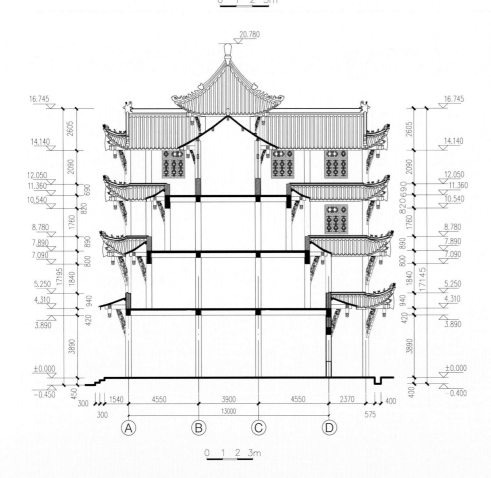

图 3-375　佛缘楼横剖面图

（十一）涅槃堂

1. 建设年代：1999 年。

2. 建筑体量：五开间。主体通面阔 19.97 米，通进深 13.6 米。配套房两栋，面阔 7 米，进深 6.1 米。主体脊高 11.07 米，配套房正脊高 5.85 米。主体建筑面积 279.7 平方米，总建筑面积 371.51 平方米。

3. 木构形式：抬梁式。

4. 屋顶形式：主体为歇山顶，配套房为悬山顶。

5. 出檐构件：挑枋加吊瓜。

6. 脊饰：灰塑脊。中堆宝瓶加双龙，脊端为鱼龙吻。

7. 瓦件类型：小青瓦。

8. 台明高度：主体 0.3 米，配套房 0.15 米。

9. 楹联：浮生若梦无非寄，此处能安即是家。

10. 牌匾：涅槃堂（图 3-376~384）。

图 3-376　涅槃堂

图 3-377　涅槃堂脊饰

图 3-378　涅槃堂挑枋和吊瓜

图 3-379　涅槃堂翘角

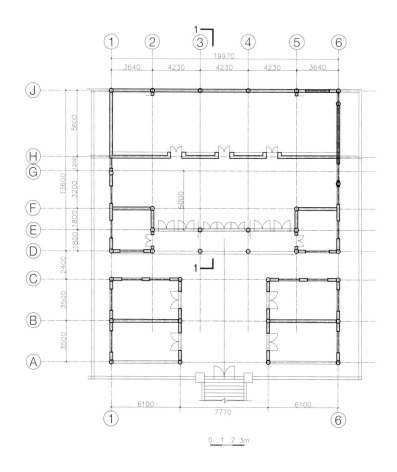

图 3-380　涅槃堂总体平面图（含配套房）

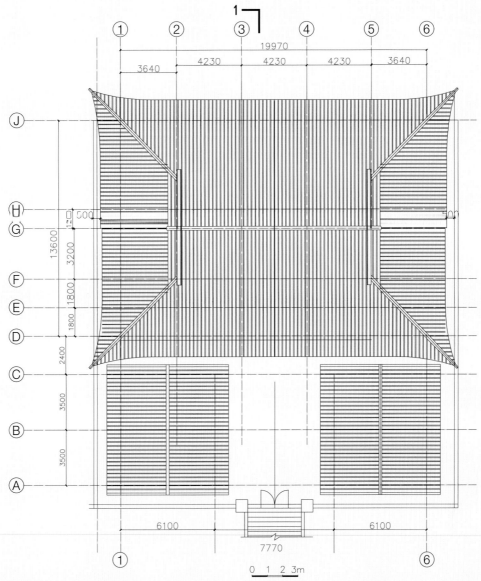

图 3-381　涅槃堂屋顶总体平面图（含配套房）

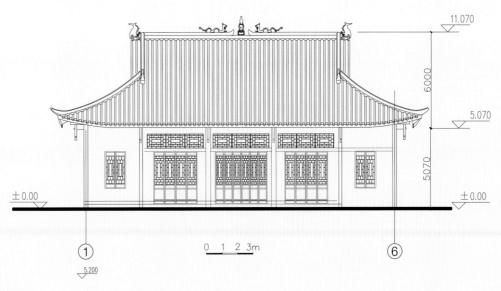

图 3-382　涅槃堂主体正立面图

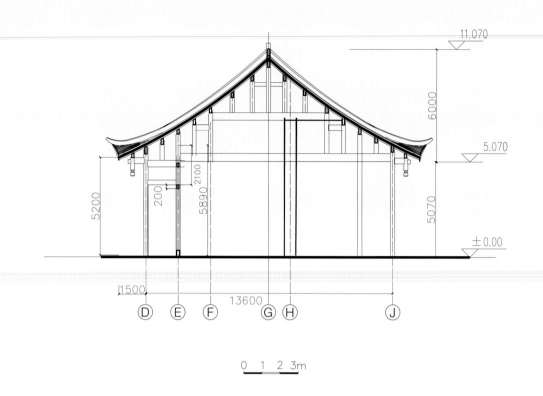

图 3-383　涅槃堂主体横剖面图

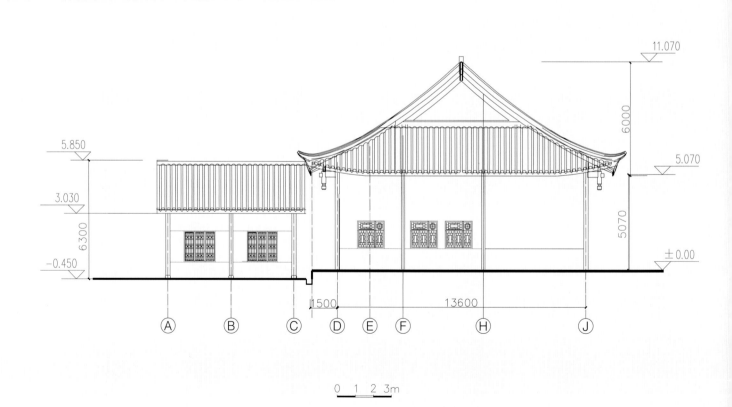

图 3-384　涅槃堂侧立面图

第四章

古建筑群特点分析

一、古建筑群特点

（一）具敕赐禅林元素

1. 受唐、宋、明三朝皇帝十一次敕封，五次敕赐寺名。

2. 有皇帝敕建的圣旨牌坊和御碑（九龙碑）。

3. 多座殿堂用金黄色琉璃瓦顶，如圣旨坊、东碑亭、西碑亭、钟楼、鼓楼、大山门牌坊、南山门牌坊、大雄宝殿、佛顶阁以及佛缘楼等。有多跳斗栱，檐下有彩绘。

4. 有宋真宗于1011年敕赐的"广利禅寺观音珠宝印"和明武皇帝于1513年敕赐的"敕赐广德禅寺"四国文字印。

5. 布局严谨、庄重。

（二）明清风格为主

除善济塔为宋代文物建筑外，其他文物建筑皆为明、清建筑。明清风格的建筑主要特点如下：

1. 补间斗栱多于一朵（辽、宋、金补间斗栱多为一朵）。斗栱高度低，占柱高的 1/10~1/5（汉、唐为 1/4~1/2）。

2. 斗栱下的额枋上有平板枋、填缝板（斗栱不直接置于额枋上）。

3. 重要建筑有仙人和走兽。

4. 门窗格心图样丰富。

5. 有彩画的建筑，彩画为清式彩画（明代建筑上的明式彩画已毁）。

6. 柱子直径较小，且主体无彩绘；柱无收分和卷杀。

7. 有的建筑出檐用吊瓜和撑弓。

8. 文物建筑所用瓦当为明清瓦当。

（三）佛教文化内涵丰富

1. 中轴线上的建筑排列顺序符合禅宗提倡的"伽蓝七堂"的规律。

2. 建筑体量符合佛教对建筑的体量要求，并与佛像大小和数量相适应。

3. 观音文化积淀深厚。殿堂布置突出观音殿，观音殿南向（其他单体建筑通常朝向轴线）。与观音文化相关的还有送子殿、大悲殿、三十三观音殿等。观音像有千手观音像、送子观音像、三十三观音像等。遂宁是观音文化的重要发源地，有广为流传的观音历史传说，妙庄王的三公主妙善得道成观音的传说及观音三姐妹的传说在遂宁家喻户晓。

4. 灰塑造型和装饰图案引入佛教元素，如莲花、卷草、"卍"字纹、火焰、狮子等。

5. 石栏杆望柱柱头以罗汉为主，还有莲花、龙、象、狮子等。

6. 有佛教特有的肉身塔、舍利塔、舍利殿、塔林等。

7. 有佛教题材的浮雕墙、石经幢等。

8. 建筑功能充分考虑佛事活动的要求。

9. 建筑等级符合佛教等级规制。

（四）宝顶式样、出檐方式、装饰图案、石雕、木雕丰富多彩

1.宝顶形式多样：有宝瓶、宝塔、佛像宝顶，也有宝瓶加火焰及莲瓣、宝瓶加卷草等式样（图4-1、2）。

2.正脊兽饰多样：有正吻（龙吻）、鸱尾（鸱吻）、鱼龙吻（鳌鱼）等（图4-3）。

3.龙的造型各异：有盘龙、云龙、团龙等（图4-4）。

4.门窗格心和木栏杆图案多样：有直棂、格棂、"卍"字棂、枴子锦、步步锦、菱花锦等（图4-5）。

5.石栏杆柱头多样：有狮子、莲花、济公、坐佛等（图4-6、7）。

6.斗栱形式多样：有四铺作斗栱、五铺作斗栱、重昂七踩彩绘斗栱、五踩彩绘斗栱、带斜栱斗栱、莲花形斗栱等（图4-8~12）。

问本堂宝顶
由宝瓶、佛像、莲花组成

舍利殿宝顶（背面）
由宝瓶、祥云、卍字、小佛像组成

法堂宝顶
由宝瓶、寿字、莲花、卷草组成

佛顶阁宝顶
由多重宝瓶、卷草组成

图4-1　广德寺宝顶式样（一）

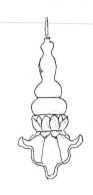

哼哈殿宝顶
由火焰、莲瓣、宝瓶、
蝙蝠、卷草组成

客堂宝顶
由莲瓣、葫芦宝瓶组成

七佛殿宝顶
由莲瓣、多重宝瓶、卍字、
小佛像组成

图 4-2　广德寺宝顶式样（二）

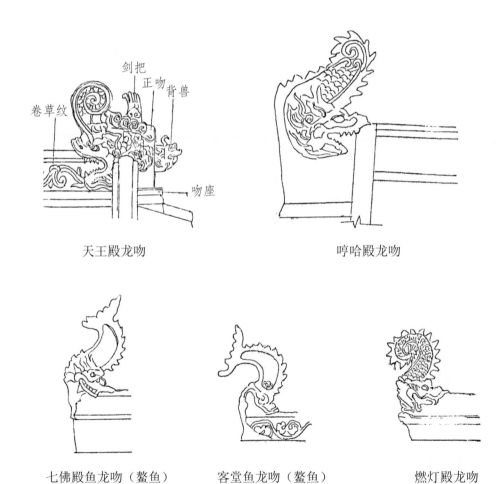

天王殿龙吻

哼哈殿龙吻

七佛殿鱼龙吻（鳌鱼）

客堂鱼龙吻（鳌鱼）

燃灯殿龙吻

图 4-3　广德寺兽吻式样

图 4-4 广德寺玉佛殿龙头式样

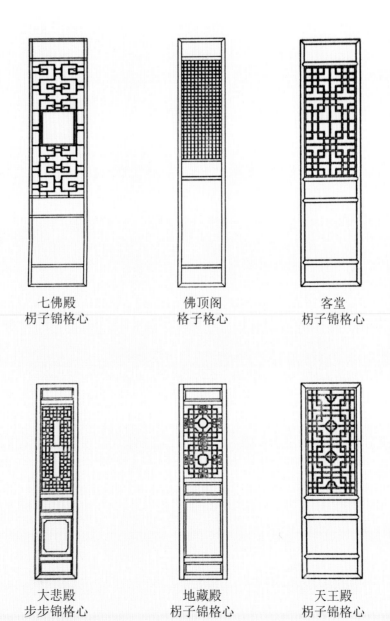

七佛殿 枋子锦格心	佛顶阁 格子格心	客堂 枋子锦格心
大悲殿 步步锦格心	地藏殿 枋子锦格心	天王殿 枋子锦格心

图 4-5 广德寺门窗格心图案

遂宁市广德寺 古建筑群探微

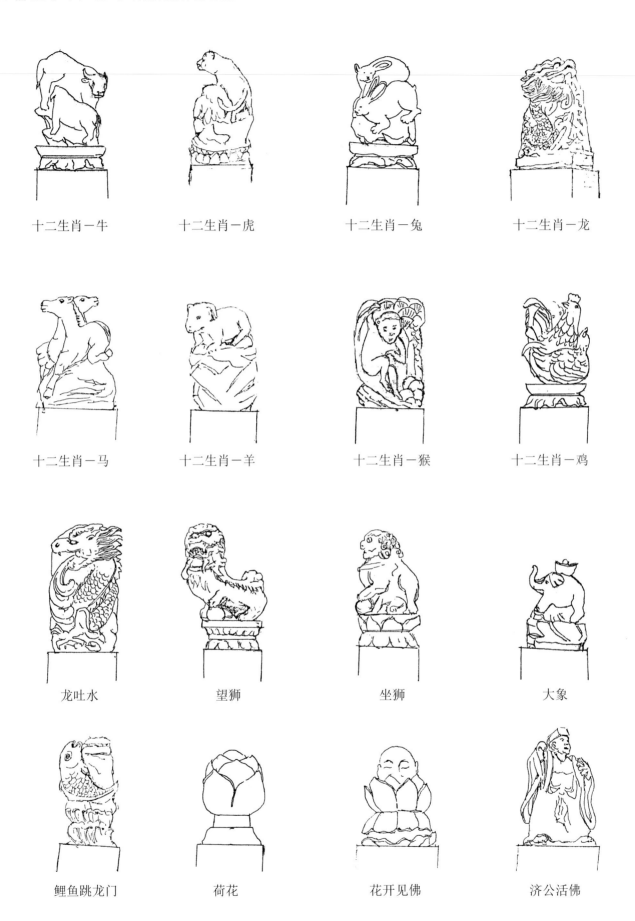

十二生肖—牛　十二生肖—虎　十二生肖—兔　十二生肖—龙

十二生肖—马　十二生肖—羊　十二生肖—猴　十二生肖—鸡

龙吐水　　望狮　　坐狮　　大象

鲤鱼跳龙门　荷花　花开见佛　济公活佛

图 4-6　广德寺石栏杆望柱柱头（一）

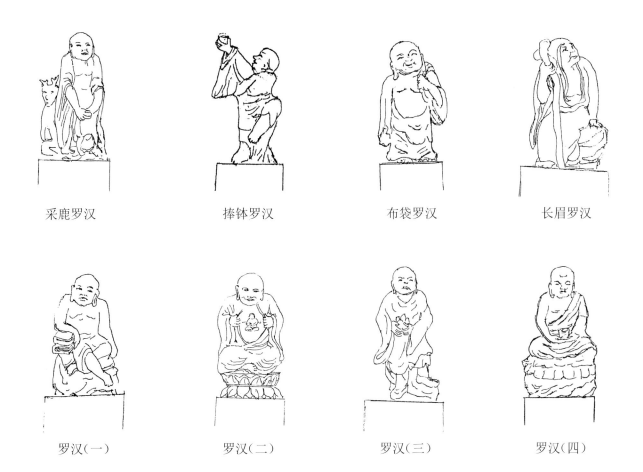

采鹿罗汉	捧钵罗汉	布袋罗汉	长眉罗汉
罗汉（一）	罗汉（二）	罗汉（三）	罗汉（四）

图 4-7　广德寺石栏杆望柱柱头（二）

7. 屋顶形式多样：有重檐歇山顶、单檐歇山顶、重檐攒尖顶、庑殿顶、悬山顶、勾连搭顶等。

8. 外墙构造及装饰多样：有砖墙、木框竹编粉刷墙、木装板墙等（图 4-13~17）。

9. 出檐方式多样：有斗栱、挑枋加吊瓜加撑弓、挑枋加吊瓜加撑弓板、挑枋等（图 4-18~20）。

10. 木雕图案及绘塑造型多样：如撑弓和驼峰雕饰（图 4-21、22）。

11. 柱顶石式样多样（图 4-23）。

12. 瓦当为明清风格，样式多样（图 4-24）。

13. 建筑层数多样：有单层、二层、三层、七层等。

14. 建筑类型多样：有廊桥、殿、堂、牌坊、楼、阁、亭、塔等。

图 4-8 钟楼五铺作彩栱（一）

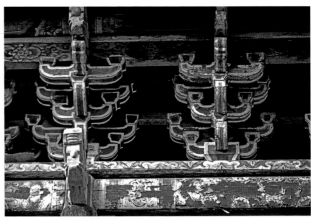

图 4-9 钟楼五铺作彩栱（二）

图 4-10 大雄宝殿七踩彩栱角抖（清式彩绘）

图 4-11 大雄宝殿七踩斗栱（平身抖）

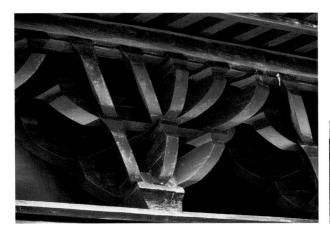

图 4-12 玉佛殿带斜栱斗栱

图 4-13 燃灯殿外墙

图 4-14　七佛殿外墙

图 4-15　送子殿外墙

图 4-16　舍利殿及玉皇楼外墙

图 4-17　客堂外墙

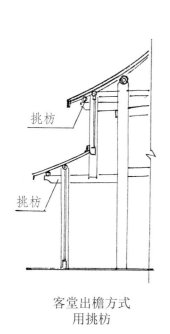

客堂出檐方式
用挑枋

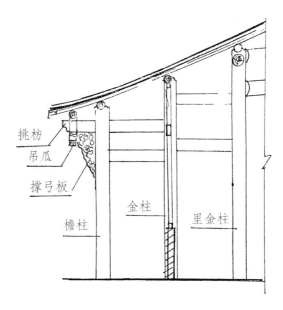

燃灯殿出檐方式
用挑枋、吊瓜、撑弓板

图 4-18　广德寺出檐方式举例（一）

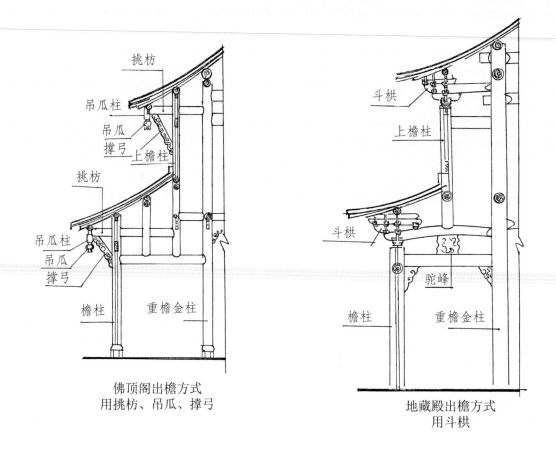

佛顶阁出檐方式
用挑枋、吊瓜、撑弓

地藏殿出檐方式
用斗栱

图 4-19　广德寺出檐方式举例（二）

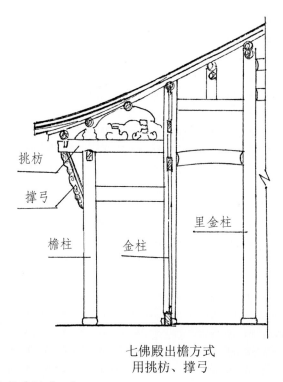

七佛殿出檐方式
用挑枋、撑弓

图 4-20　广德寺出檐方式举例（三）

卷草纹雕刻撑弓　　　　　　　　　　　　云纹雕刻撑弓

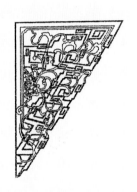

卷草纹玉净瓶雕　　　　　撑弓板　　　　　　　鳌鱼纹雕刻撑弓
雕刻撑弓板

图4-21　广德寺撑弓雕饰

客堂驼峰　　　　　　　　地藏殿驼峰　　　　　　天王殿驼峰

图4-22　广德寺驼峰外形及图案雕饰

平面　立面
大悲殿柱顶石
八角加鼓形

平面　立面
哼哈殿柱顶石
八角加鼓形

平面　立面
哼哈殿柱顶石
下方上圆

平面　立面
钟楼金柱柱顶石
八角加鼓形

平面　立面
钟楼檐柱柱顶石
鼓形

平面　立面
佛顶阁柱顶石
八角加鼓形

平面　立面
佛顶阁檐柱柱顶石
四方切角加莲花

平面　立面
大雄宝殿檐柱柱顶石
八角加鼓形加覆盘莲花

图 4-23　广德寺柱顶石

龙瓦当一　　龙瓦当二　　龙瓦当三　　兽首瓦当

图 4-24　广德寺瓦当

（五）殿堂等级分明

大雄宝殿等级最高，其次是圣旨坊及东、西碑亭，三是中轴线上其他建筑，四是中轴线两侧建筑，五是其他位置建筑。

（六）建筑风格古朴典雅

古建筑群历经数百年，逐渐形成古朴典雅的风格，主要表现在以下几个方面：

1. 部分殿堂山墙上部木构件加棕色木板墙，或篱笆墙抹灰刷淡黄色。

2. 部分有的殿堂用石门槛，已见磨损。

3. 多数脊饰用灰塑，造型及色彩古朴。

4. 次要建筑用小青瓦。

5. 千年古柏、数百年古樟、古榕、古黄连木树烘托古建筑群。

6. 善济塔青灰色砖身显示古风。

7. 明代建筑未用昂，显示斗栱古朴风格。

8. "双龙引路"石雕已见斑驳（图 4-25～30）。

图 4-25　西厢房山墙上部木装板墙

图 4-26　玉佛殿上部竹编

图 4-27　哼哈殿石门槛

图 4-28　问本堂前古榕树

图 4-29　"双龙引路"石雕

图 4-30　玉皇楼镂空灰塑戗角

(七) 有四川地域风格和南方风格

1. 部分建筑脊吻用南方风格的鱼龙吻。

2. 次要建筑出檐用吊瓜和撑弓。

3. 翼角起翘较高。

4. 广泛运用灰塑，并有镂空灰塑（图 4-31）。

5. 殿堂部分梁用月梁。

6. 送子殿、厢房等次要建筑用穿斗屋架。

7. 建筑墙体较薄，门窗较多。

8. 总体布局上，轴线处理方面因地制宜，符合南方山林寺院布局规律。

(八) 宫殿式布局

具有中轴线，中轴线中心布置最重要建筑大雄宝殿，中轴线上依次布置重要建筑，中轴线两侧布置陪衬建筑，中轴线两侧后部布置次要建筑和配套建筑；两侧建筑体量相当且左右对称。

佛顶阁翼角起翘
望兽及卷草灰塑戗脊

客堂翼角起翘
望兽及卷草灰塑戗脊

舍利殿龙及卷草灰塑戗脊

图 4-31　广德寺灰塑戗脊举例

（九）因地制宜，层层登高，气势宏伟

结合卧龙山前端坡地，各单体建筑依山就势，形成多个整平台地，整平台地间用梯道连接，步步升高。中轴线上有九重殿堂，建筑体量适宜，总体气势恢宏。

（十）融入自然，环境优美

利用山形、水系，广植柏树、黄连木、黄葛榕，配以桂花、蜡梅，形成前有溪流，后有山林的格局。林木郁郁葱葱，四季常青，颇具深山藏古寺的意境。

（十一）整平台阶、堡坎加固的多种处理方法

1. 挡土墙上部钢筋混凝土外挑，上部用石栏杆围护，增加上部通道宽度（图4-32、33）。
2. 利用挡土墙做许愿廊，上部用花池种植物围护（图4-34、35）。
3. 挡土墙与庭院围墙结合（图4-36、37）。

图4-32 玉佛殿后挡土墙处理

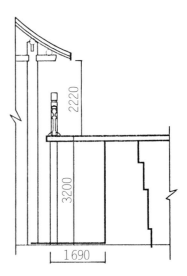

图4-33 挡土墙上部钢筋混凝土外挑

图4-34 佛顶阁利用挡土墙做许愿廊

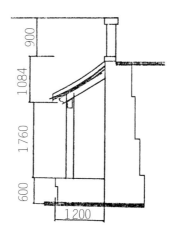

图4-35 挡土墙外接许愿廊

图 4-36 法堂后挡土墙处理

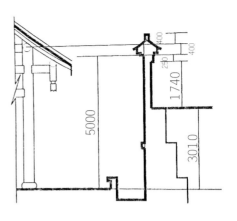

图 4-37 挡土墙与庭院围墙结合

图 4-38 问本堂前挡土墙处理

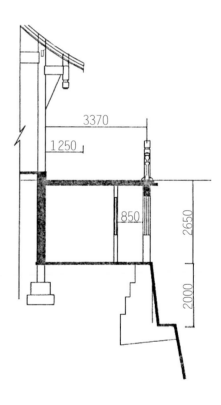

图 4-39 利用高低差，下方设房间

4. 利用高低差，下方设房间（图 4-38、39）。

5. 利用挡土墙做佛教文化墙，上部用花池种植物围护（图 4-40、41）。

（十二）地方建筑材料的使用

1. 为利用小截面木材，采用双檩或檩带随檩枋。

2. 部分建筑外墙采用竹编粉刷墙。

3. 柏木使用较多，也使用部分杉木和香樟木。

4. 石材大多采用本地及周边地区的青砂石。

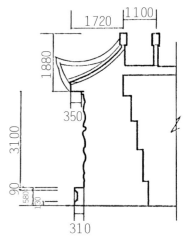

图 4-40　大雄宝殿后挡土墙处理　　　　　　　　　　图 4-41　利用挡土墙做佛教文化墙

（十三）珍藏宝贵文物

除宋、明、清建筑外，寺内还珍藏有宝贵文物，主要有：

1. 宋·玉印：宋真宗赵恒于大中祥符四年（1011 年）辛亥正月敕赐（图 4-42）。

2. 宋·《九龙碑》：南宋孝宗淳熙元年（1174 年）由尚书省参知政事、四川宣抚使郑闻立，碑上刻唐、宋两朝六位皇帝对本寺克幽禅师的七次敕封的相关内容（图 4-43）。

3. 宋·《林字碑》：碑上刻有小篆"林"字。此碑由当时的寺院住持立于南宋庆元四年（1198 年）五月，后被埋于地下。1991 年寺院修缮时，在地下三米处挖出此碑（图 4-44）。

4. 明·《广利寺记碑》（1492 年）（图 4-45）。

5. 明·四国文字印：明武宗朱厚照正德八年（1513 年）所敕赐（图 4-46）。

6. 明·《增修广德寺记碑》（1550 年）（图 4-47）。

7. 清·《四方碑》：四面刻字，书《卧龙山广德寺诗》，立于 1831 年（图 4-48）。

8. 清·玉佛：清福和尚从不丹国精选上等白玉，途经印度到缅甸后琢成佛像，于 1907 年腊月在仰光开光后经泰国运回中国（图 4-49）。

（十四）悠久的历史传说

1. 观音菩萨的民间传说

相传，上古时期西域有个劫国，劫国首领有三个女儿，长女妙清，二女妙善，三女妙音。三姊妹天生好静，一心向佛，不愿遵父命出嫁，经常到"白雀寺"礼拜神灵。

劫王对三个女儿的行径大为不满，再三劝女儿回心转意。被女儿拒绝后，妙庄王冲冠一怒，喝令官卒火烧白雀寺。白雀寺的冲天火光映入西方如来慧眼，佛祖拈花一挥，点化了葬身火海的妙氏三姐妹和五百僧众，三姐妹同时成道为观音菩萨。根据佛祖旨意，三姐妹分别在遂宁广德寺、灵泉寺和南海普陀山参佛悟道，普度众生。所以，广德寺观音殿有特殊的

图 4-42 宋·观音珠宝印

图 4-43 宋·《九龙碑》

图 4-44 宋·《林字碑》

图 4-45　明·《广利寺记碑》

图 4-46　明·四国文字印

等级地位,殿取南向(与大雄宝殿同一朝向),为第一配殿。

　　2. 善济塔的传说

　　相传,广德寺最初阐教的克幽禅师圆寂后,门人建真身塔安葬了他。唐武宗会昌五年(845年)灭佛毁寺后,真身塔地基突然沉陷,变成了一个池塘。说也奇怪,夏秋季节,常见莲花亭亭,迎风摇曳。欲去采摘,不见其形。一天,遂州刺史王简升座大堂,见一和尚立于堂下,久久不去。王简示意他出去,和尚毫不理睬,遂命衙役轰逐。说也奇怪,衙役追得快,和尚也走得快,衙役停,和尚也停,衙役直追不舍,和尚也一个劲儿地走,追到广德寺池塘边,和尚却不见了。衙役只得把情况向王简做了汇报。王简心里纳闷,百思不得其解,心想这个和尚莫非有什么冤情?沉思之后,即令衙役将池水放尽,查看究竟。可水尽后却无异相。王简又令深挖池塘,在塘底挖出一串异骨,金色钩锁相连,上现"观音化身"四字。王简认为是克幽灵感所致,于是又重新修建瘗骨塔。后人传说"克幽禅师是观音菩萨的化身"即由此而来。善济塔(肉身塔)前面的观音殿就是为纪念克幽禅师而修的。

　　(十五)古树掩映

　　古树郁郁苍苍,是古寺院的重要特征。

　　广德寺古建筑群中及周边有近百株古树,其中古柏41株、楠木1株、香樟8株、黄连木34株、黄葛榕5株,还有桂花、银杏等。其中,问本堂东北侧清凉地的一株黄葛榕树龄已有822年,山门内还有树龄在500~600年的古柏。它们共同形成了广德寺"古寺林木幽,古柏苍苍耀虬龙"的意境。

　　广德寺对树木花卉的选择除了要适应当地气候外,还须具有一定的寓意,即与佛家思想相关联。佛教中有五树六花之说,佛经中规定:五树为菩提树、高榕、贝叶棕、槟榔和糖棕;六花为荷花(莲花)、文殊兰、黄姜花、鸡蛋花、缅桂(白兰花)和地涌金莲。这些植物,因独特的形态,被赋予了深厚的佛教内涵。广德寺因气候原因,不适宜栽种菩提树、贝叶棕、槟榔、糖棕、鸡蛋花和文殊兰,但其他品种都能找到。

图 4-47　明·《增修广德寺记碑》

图 4-48　清·《四方碑》

图 4-49　清·玉佛

菩提树在佛经里被称为神圣之树。传说释迦牟尼就是在菩提树下证道。黄葛树与菩提树同属于桑科榕属，两种树虽叶的质地不同，花、果不同，但形态相似。在四川寺院，古黄葛榕也被称为菩提树，是广德寺中占比例较多的大乔木。

樟、松、柏、楠这四种树据说有镇邪的作用。广德寺广植香樟、柏木，也有种植楠木、罗汉松等。

广德寺的古柏成林是一大特色。古柏最早植于何时，现难稽考。据明代席书在《广利寺记》载：正统年间（1436~1449年），广德寺的古柏"铺石作道，旁植万柏，直入城邑"。有的古柏种植时间可能比记载的还要早。

"丛丛古柏绕禅林""老柏千株竞绕"是对广德寺古柏的真实写照，直到二十世纪八十年代古柏林仍保留完好。

银杏被尊为圣果、圣树，有不受风尘干扰的宗教寓意。银杏树寿命长，秋叶金黄，广德寺也有种植。

黄连木具有深根、抗风、寿命长、耐干旱瘠薄、适应性强，秋天出彩叶的特点，广德寺有种植。

缅桂，佛教六花之一，花洁白清香，广德寺有不少大缅桂树。

桂花是崇高美好、吉祥的象征。广德寺多种于殿前。

蜡梅纯洁、傲骨、高尚。花朵五瓣，象征五福。广德寺有种植。

竹符合佛家追求的虚怀若谷，清高脱俗的境界。广德寺成片种植于山坡。

二、木构架及斗栱举例

（一）木构架举例（图4-50~54）：

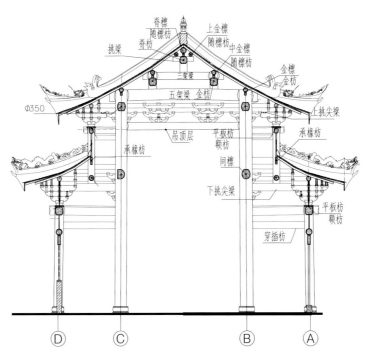

图4-50 大悲殿重檐木构架图

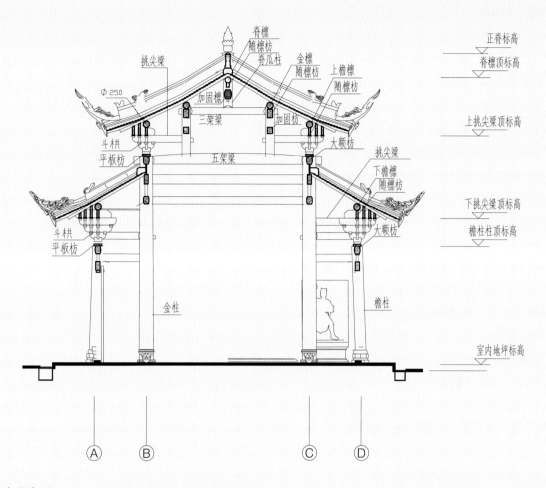

图 4-51　哼哈殿重檐木构架图

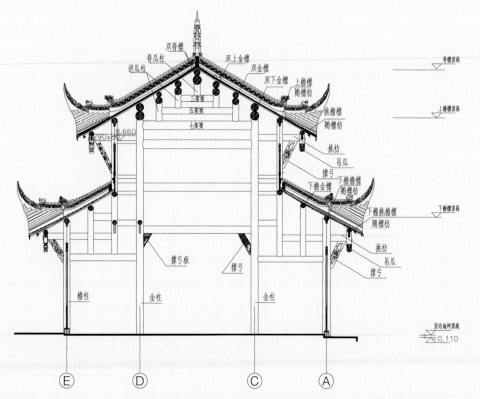

图 4-52　佛顶阁重檐木构架图

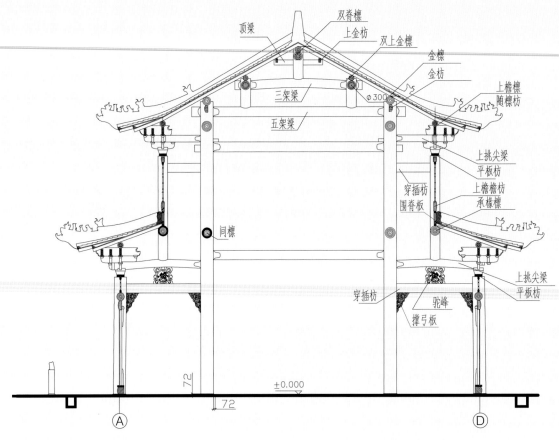

图 4-53 地藏殿重檐木构架图

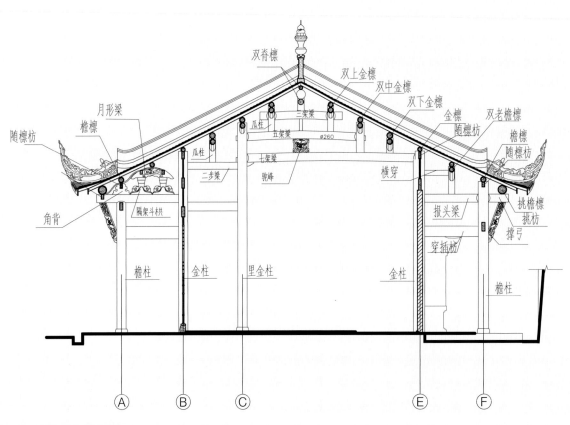

图 4-54 七佛殿木构架图

（二）斗栱举例（图4-55~64）：

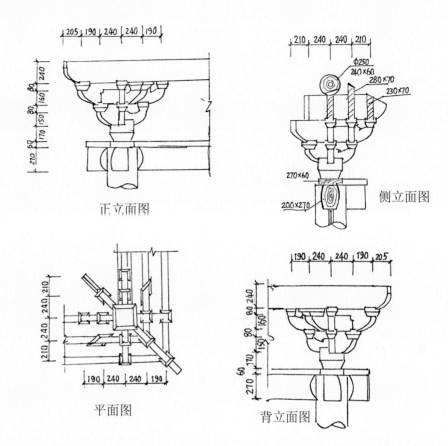

图 4-55　哼哈殿上檐下转角铺作斗栱（五铺作带斜斗斗栱）

正立面图　侧立面图　平面图　背立面图

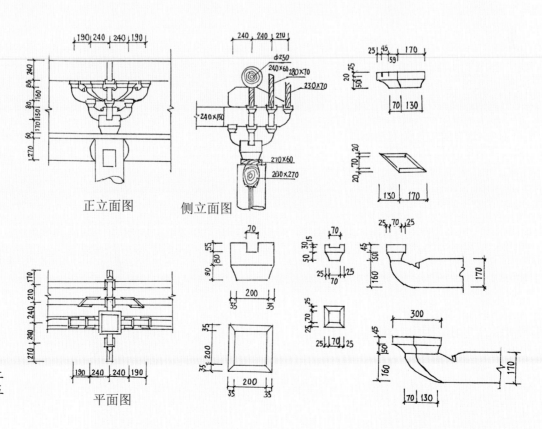

图 4-56　哼哈殿上檐下柱头铺作斗（五铺作带斜斗斗栱）

正立面图　侧立面图　平面图

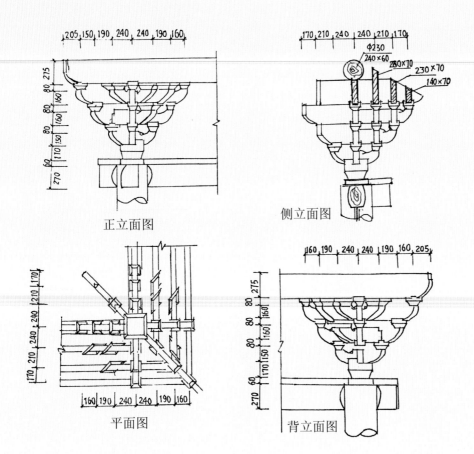

正立面图

侧立面图

平面图

背立面图

图 4-57　哼哈殿下檐下转角铺
作斗栱（六铺作带斜斗斗栱）

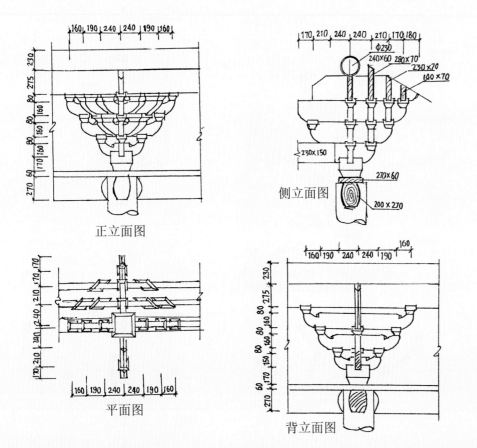

正立面图

侧立面图

平面图

背立面图

图 4-58　哼哈殿下檐下柱头铺
作斗栱（六铺作带斜斗斗栱）

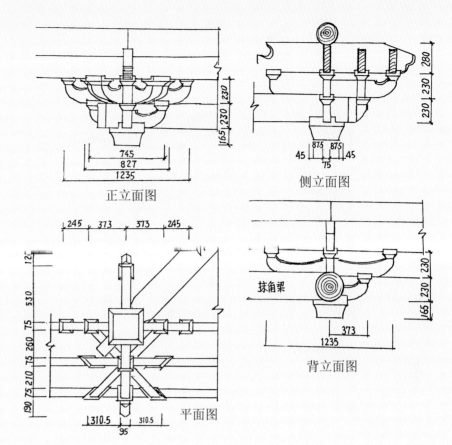

正立面图

侧立面图

背立面图

平面图

图 4-59　地藏殿下檐下柱头铺作
斗栱（带斜栱五铺作斗栱）

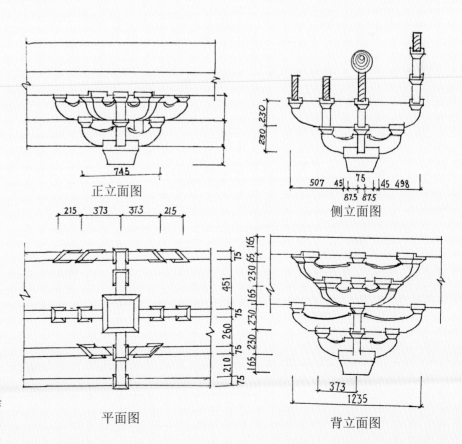

正立面图

侧立面图

平面图

背立面图

图 4-60　地藏殿下檐下明间铺作
斗栱（带斜斗五铺作斗栱）

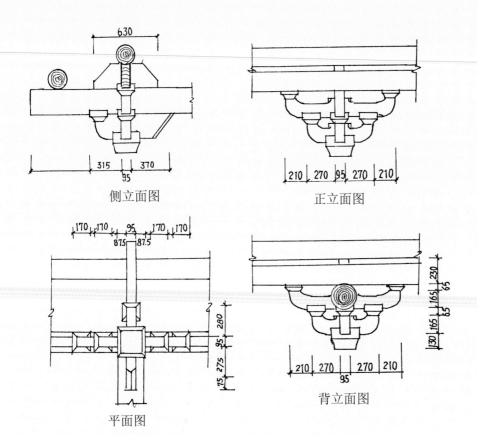

側立面图　　　　　　　　正立面图

平面图　　　　　　　　　背立面图

图 4-61　天王殿下檐下侧面柱头铺作斗栱（四铺作斗栱）

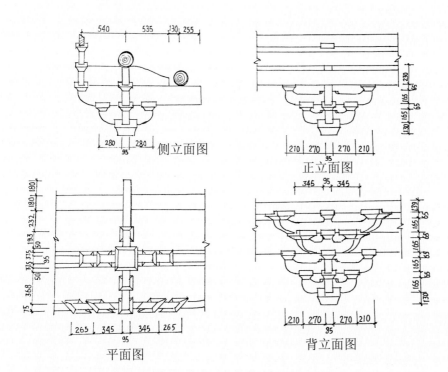

側立面图　　　　　　　　正立面图

平面图　　　　　　　　　背立面图

图 4-62　天王殿下檐下明间补间铺作斗栱（四铺作斗栱）

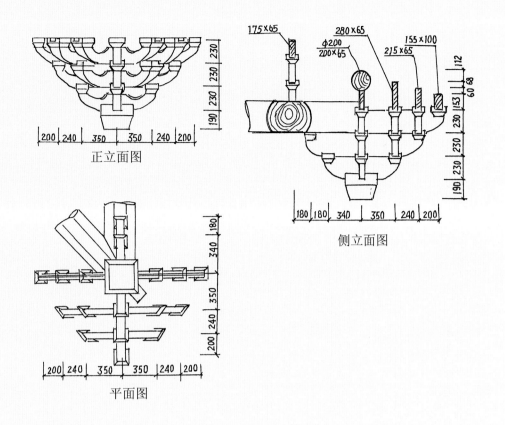

正立面图

侧立面图

平面图

图 4-63　大悲殿下檐下柱头铺作斗栱（带斜斗六铺作斗栱）

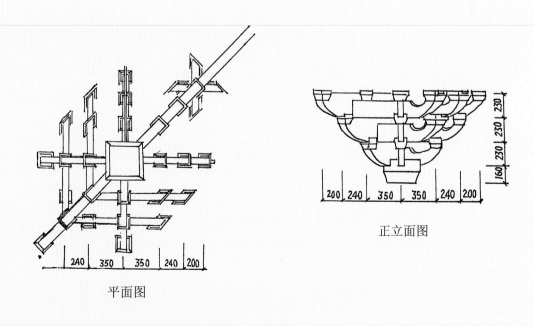

平面图

正立面图

图 4-64　大悲殿下檐下转角铺作斗栱（带斜斗六铺斗栱）

三、门窗测绘图

广德寺古建门窗图案品种繁多，内涵丰富，寓意深刻。广德寺古建门窗粗略统计有三十余种样式，其中卡子花十七种，槅窗五种（图4-65~88）。

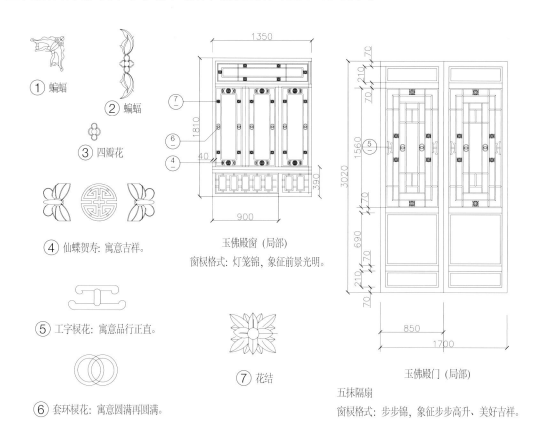

① 蝙蝠

② 蝙蝠

③ 四瓣花

④ 仙蝶贺寿：寓意吉祥。

⑤ 工字棂花：寓意品行正直。

⑥ 套环棂花：寓意圆满再圆满。

⑦ 花结

玉佛殿窗（局部）
窗棂格式：灯笼锦，象征前景光明。

玉佛殿门（局部）
五抹隔扇
窗棂格式：步步锦，象征步步高升、美好吉祥。

图4-65 玉佛殿门窗

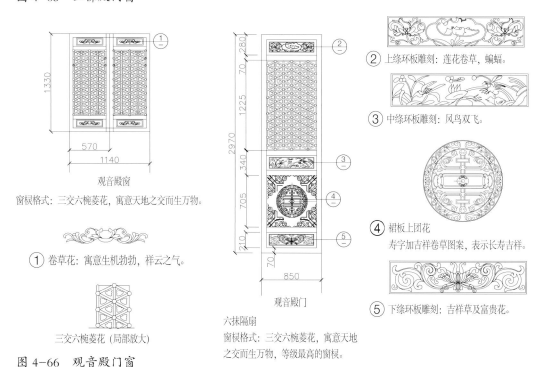

观音殿窗
窗棂格式：三交六椀菱花，寓意天地之交而生万物。

① 卷草花：寓意生机勃勃，祥云之气。

三交六椀菱花（局部放大）

图4-66 观音殿门窗

观音殿门
六抹隔扇
窗棂格式：三交六椀菱花，寓意天地之交而生万物，等级最高的窗棂。

② 上绦环板雕刻：莲花卷草，蝙蝠。

③ 中绦环板雕刻：凤鸟双飞。

④ 裙板上团花
寿字加吉祥卷草图案，表示长寿吉祥。

⑤ 下绦环板雕刻：吉祥草及富贵花。

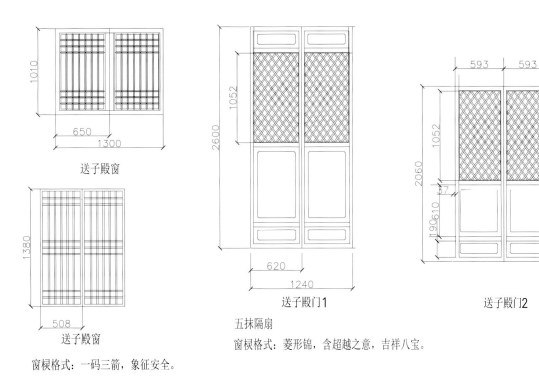

送子殿窗

送子殿窗

窗棂格式：一码三箭，象征安全。

送子殿门1

五抹隔扇

窗棂格式：菱形锦，含超越之意，吉祥八宝。

送子殿门2

图 4-67 送子殿门窗

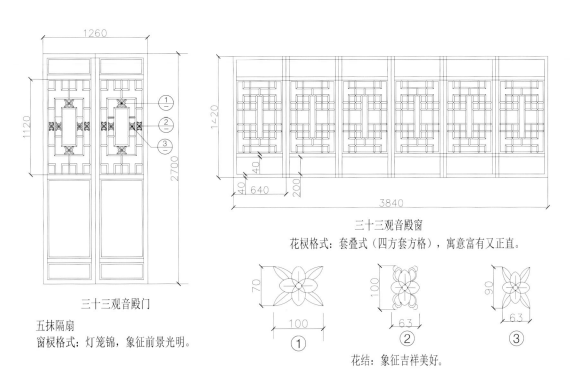

三十三观音殿门

五抹隔扇

窗棂格式：灯笼锦，象征前景光明。

三十三观音殿窗

花棂格式：套叠式（四方套方格），寓意富有又正直。

①　②　③

花结：象征吉祥美好。

图 4-68 三十三观音殿门窗

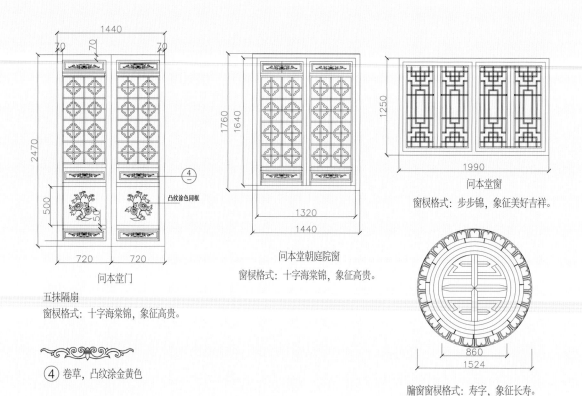

问本堂门
五抹隔扇
窗棂格式：十字海棠锦，象征高贵。

④ 卷草，凸纹涂金黄色

问本堂朝庭院窗
窗棂格式：十字海棠锦，象征高贵。

问本堂窗
窗棂格式：步步锦，象征美好吉祥。

牖窗窗棂格式：寿字，象征长寿。

图 4-69　问本堂门窗。

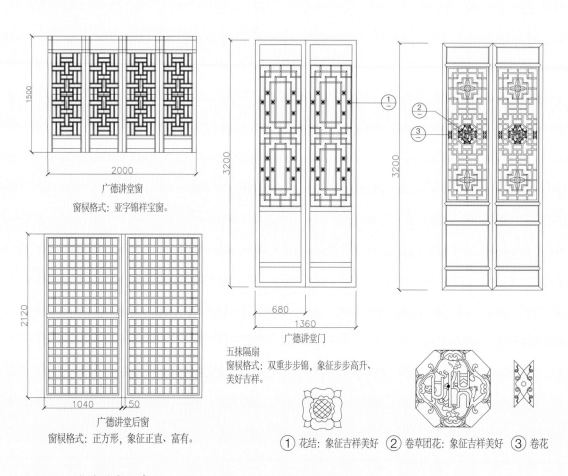

广德讲堂窗
窗棂格式：亚字锦祥宝窗。

广德讲堂后窗
窗棂格式：正方形，象征正直、富有。

广德讲堂门
五抹隔扇
窗棂格式：双重步步锦，象征步步高升、美好吉祥。

① 花结：象征吉祥美好　② 卷草团花：象征吉祥美好　③ 卷花

图 4-70　广德讲堂门窗

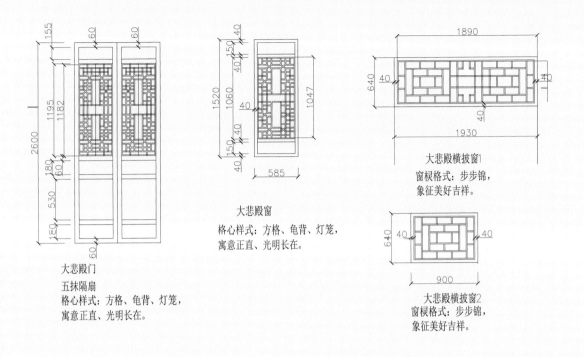

大悲殿门
五抹隔扇
格心样式：方格、龟背、灯笼，
寓意正直、光明长在。

大悲殿窗
格心样式：方格、龟背、灯笼，
寓意正直、光明长在。

大悲殿横披窗1
窗棂格式：步步锦，
象征美好吉祥。

大悲殿横披窗2
窗棂格式：步步锦，
象征美好吉祥。

图 4-71　大悲殿门窗

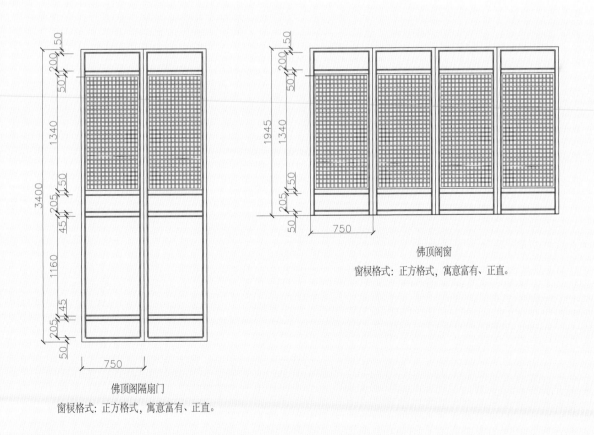

佛顶阁隔扇门
窗棂格式：正方格式，寓意富有、正直。

佛顶阁窗
窗棂格式：正方格式，寓意富有、正直。

图 4-72　佛顶阁门窗

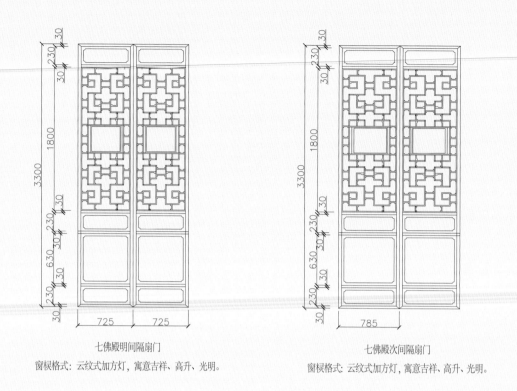

七佛殿明间隔扇门
窗棂格式：云纹式加方灯，寓意吉祥、高升、光明。

七佛殿次间隔扇门
窗棂格式：云纹式加方灯，寓意吉祥、高升、光明。

图 4-73　七佛殿门窗

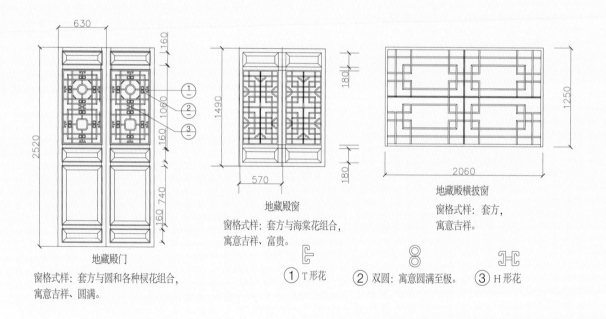

地藏殿门
窗格式样：套方与圆和各种棂花组合，
寓意吉祥、圆满。

地藏殿窗
窗格式样：套方与海棠花组合，
寓意吉祥、富贵。

①T形花　②双圆：寓意圆满至极。　③H形花

地藏殿横披窗
窗格式样：套方，
寓意吉祥。

图 4-74　地藏殿门窗

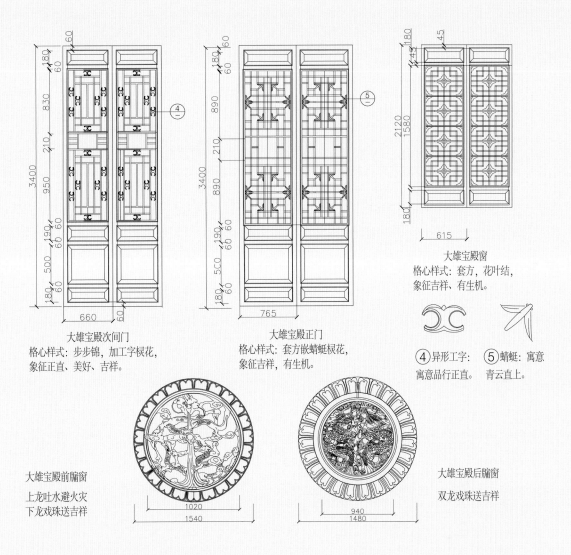

大雄宝殿次间门

格心样式：步步锦，加工字栈花，
象征正直、美好、吉祥。

大雄宝殿正门

格心样式：套方嵌蜻蜓栈花，
象征吉祥，有生机。

大雄宝殿窗

格心样式：套方，花叶结，
象征吉祥、有生机。

④ 异形工字：
寓意品行正直。

⑤ 蜻蜓：寓意
青云直上。

大雄宝殿前牖窗

上龙吐水避火灾
下龙戏珠送吉祥

大雄宝殿后牖窗

双龙戏珠送吉祥

图 4-75　大雄宝殿门窗

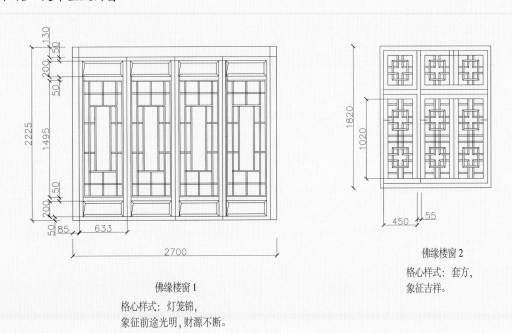

佛缘楼窗1

格心样式：灯笼锦，
象征前途光明，财源不断。

佛缘楼窗2

格心样式：套方，
象征吉祥。

图 4-76　佛缘楼门窗

253

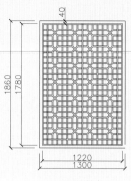

玉皇楼窗 1

格心样式：龟背锦，
象征无灾平安、佛法常在。

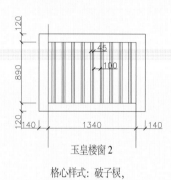

玉皇楼窗 2

格心样式：破子棂，
象征正直、安全。

玉皇楼窗 3

格心样式：方格，
象征正直、富有。

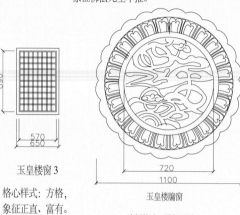

佛缘楼牖窗

牖窗棂格式：法轮，佛家八宝之一；
象征佛法无坚不摧。

玉皇楼牖窗

窗棂格式：风起云涌。

图 4-77　玉皇楼门窗

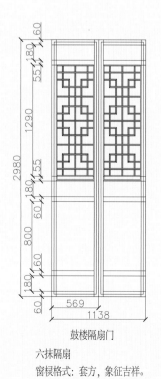

鼓楼隔扇门

六抹隔扇

窗棂格式：套方，象征吉祥。

鼓楼固定窗

窗棂格式：方格中心套龟背，
象征正直、富有、吉祥。

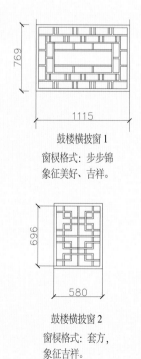

鼓楼横披窗 1

窗棂格式：步步锦
象征美好、吉祥。

鼓楼横披窗 2

窗棂格式：套方，
象征吉祥。

图 4-78　鼓楼门窗

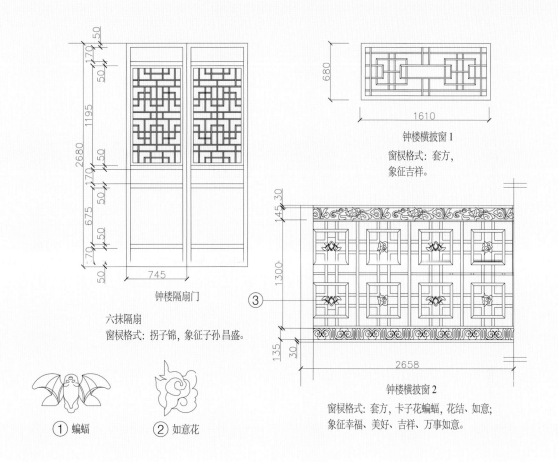

钟楼横披窗1

窗棂格式：套方，
象征吉祥。

钟楼隔扇门

六抹隔扇
窗棂格式：拐子锦，象征子孙昌盛。

① 蝙蝠　② 如意花

钟楼横披窗2

窗棂格式：套方，卡子花蝙蝠，花结、如意；
象征幸福、美好、吉祥、万事如意。

图4-79　钟楼门窗

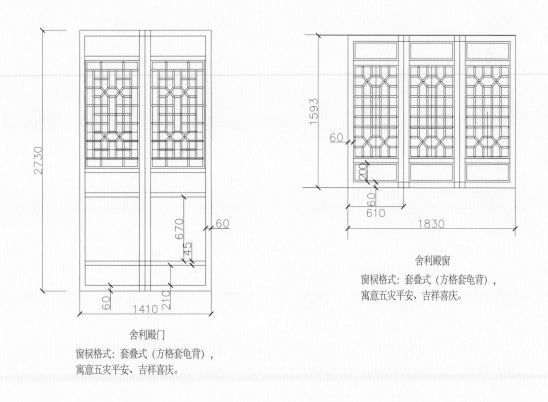

舍利殿门
窗棂格式：套叠式（方格套龟背），
寓意五灾平安、吉祥喜庆。

舍利殿窗
窗棂格式：套叠式（方格套龟背），
寓意五灾平安、吉祥喜庆。

图4-80　舍利殿门窗

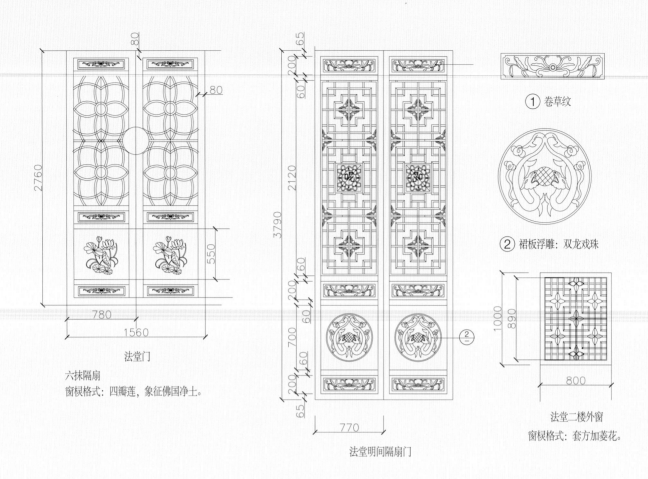

法堂门

六抹隔扇
窗棂格式：四瓣莲，象征佛国净土。

法堂明间隔扇门

① 卷草纹

② 裙板浮雕：双龙戏珠

法堂二楼外窗
窗棂格式：套方加菱花。

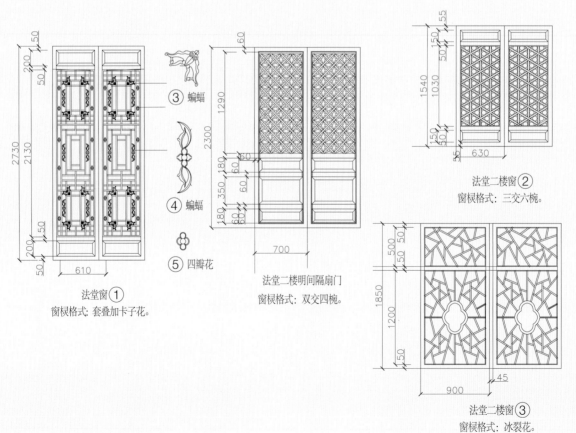

③ 蝙蝠

④ 蝙蝠

⑤ 四瓣花

法堂窗①
窗棂格式：套叠加卡子花。

法堂二楼明间隔扇门
窗棂格式：双交四椀。

法堂二楼窗②
窗棂格式：三交六椀。

法堂二楼窗③
窗棂格式：冰裂花。

图 4-81　法堂门窗

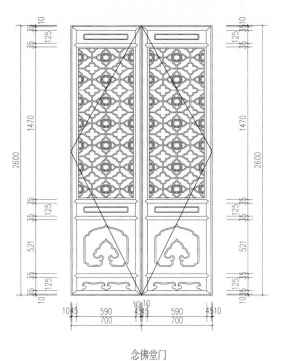

念佛堂门

窗棂格式：玉堂如意锦，寓意高贵，如意。

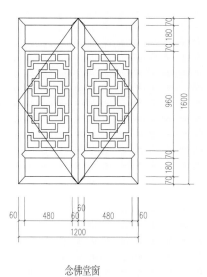

念佛堂窗

窗棂格式：万字锦，寓意万事吉祥。

图 4-82　念佛堂门窗

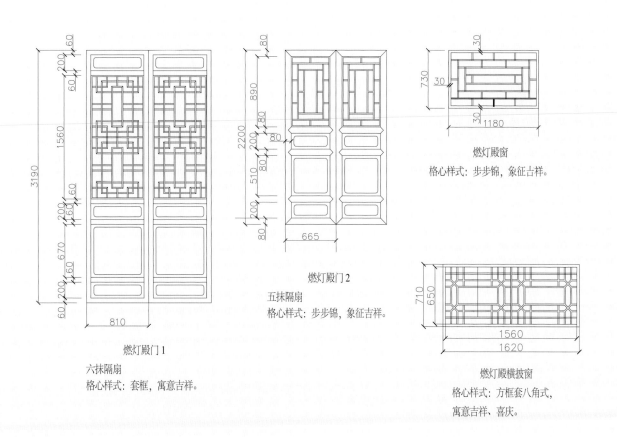

燃灯殿门 1

六抹隔扇

格心样式：套框，寓意吉祥。

燃灯殿门 2

五抹隔扇

格心样式：步步锦，象征吉祥。

燃灯殿窗

格心样式：步步锦，象征吉祥。

燃灯殿横披窗

格心样式：方框套八角式，

寓意吉祥、喜庆。

图 4-83　燃灯殿门窗

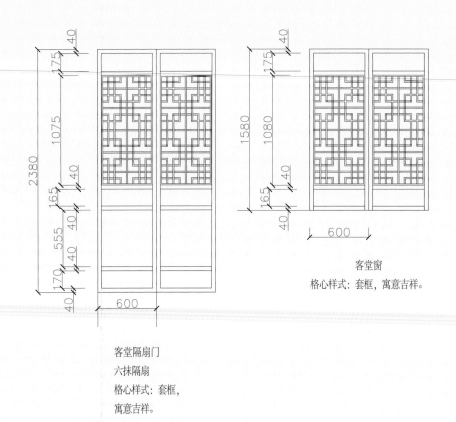

客堂窗

格心样式：套框，寓意吉祥。

客堂隔扇门

六抹隔扇

格心样式：套框，

寓意吉祥。

图 4-84　客堂门窗

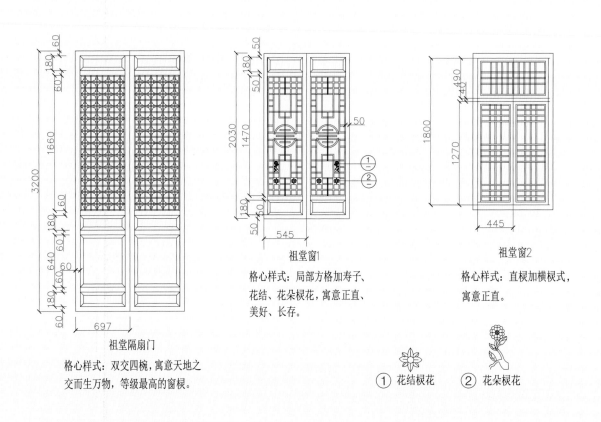

祖堂窗1

格心样式：局部方格加寿子、
花结、花朵棂花,寓意正直、
美好、长存。

祖堂窗2

格心样式：直棂加横棂式，
寓意正直。

祖堂隔扇门

格心样式：双交四椀,寓意天地之
交而生万物,等级最高的窗棂。

① 花结棂花　② 花朵棂花

图 4-85　祖堂门窗

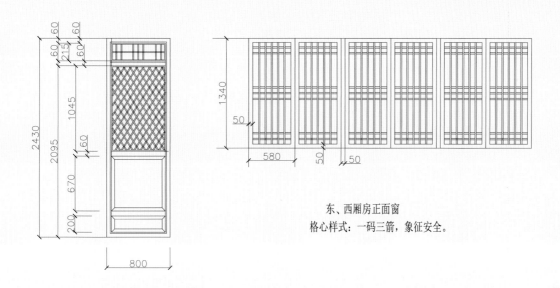

东、西厢房正面窗
格心样式：一码三箭，象征安全。

东、西厢房门
格心样式：横陂意、一码三箭，象征安全；
门菱形网格式，象征超越及吉祥。

图 4-86 厢房门窗

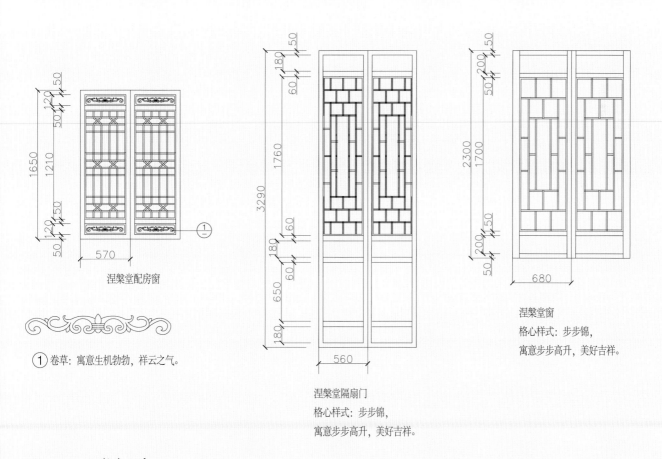

涅槃堂配房窗

① 卷草：寓意生机勃勃，祥云之气。

涅槃堂隔扇门
格心样式：步步锦，
寓意步步高升，美好吉祥。

涅槃堂窗
格心样式：步步锦，
寓意步步高升，美好吉祥。

图 4-87 涅槃堂门窗

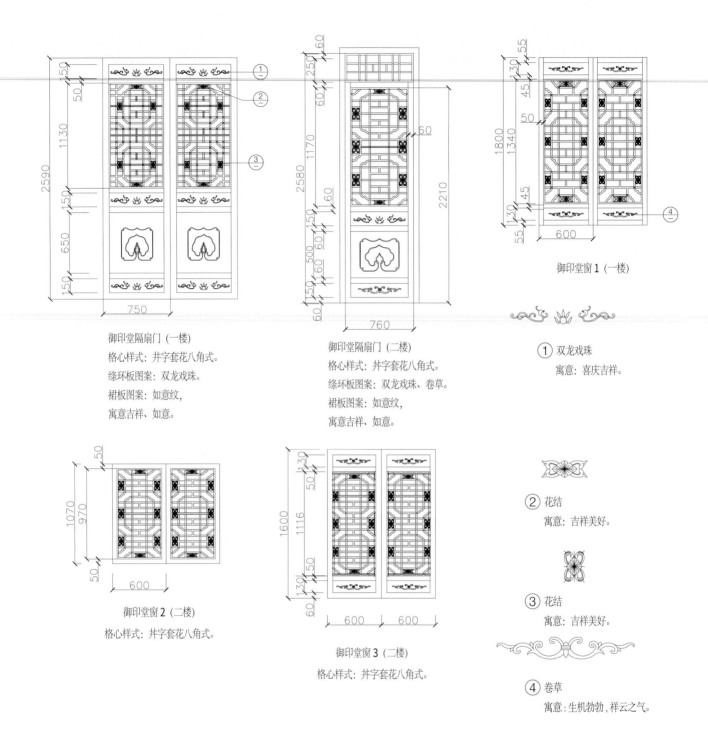

御印堂隔扇门 (一楼)
格心样式: 井字套花八角式。
绦环板图案: 双龙戏珠。
裙板图案: 如意纹,
寓意吉祥、如意。

御印堂隔扇门 (二楼)
格心样式: 井字套花八角式。
绦环板图案: 双龙戏珠、卷草。
裙板图案: 如意纹,
寓意吉祥、如意。

御印堂窗 1 (一楼)

① 双龙戏珠
寓意: 喜庆吉祥。

② 花结
寓意: 吉祥美好。

③ 花结
寓意: 吉祥美好。

御印堂窗 2 (二楼)
格心样式: 井字套花八角式。

御印堂窗 3 (二楼)
格心样式: 井字套花八角式。

④ 卷草
寓意: 生机勃勃, 祥云之气。

图 4-88 御印堂门窗

第五章

咏广德寺

一、历代赋文

广利寺记[1]

明·席书[2]

中全蜀而画邑者，遂宁也。邑西一里许，越长乐、佛现二冈，有山来，从西北蜿蜒蟠亘，势若卧龙。龙左山，东去一里，突起回峰，若人背剑旋观者，有降龙之状。右带诸山，腾蛇舞凤，瑰瑰奇奇，争趋内护。一山半面，若揭天榜，锁塞东南。近龙口，结小山若珠，二溪合匝于前，横卧长虹，纡徐三五曲不去。有寺，北枕龙首，环山带溪，穹然南向，是为广利寺。寺基自卑登高，层级六七，上至龙顶。自唐开元至大历（713~779年）间，克幽禅师[3]阐教兹山，寺日以大。历五代、宋、元，显身化相之灵，金锁瑞莲之异[4]，额赐或仍或改，院宇或合或分。盛则楼殿楹厦，至以千计；废则倾梁欹石，至与荆莽同墟。大要时盛以兴，时衰随废，断碑所存，率有可考。

入我皇明，天地再造，山川改观。前僧会觉境、洪海、住持妙冲辈[5]，沿旧增新。山半龙准建释迦正殿，左右并二殿，曰地藏、观音；近后并二堂，曰伽蓝、祖师；下二级斋、禅二堂；又下一级千佛、轮藏二阁，东西峙向；又下天王阁，耸对正殿之南；又下山门、圆觉桥。正殿上为毗卢堂；又上为法堂；又上近顶为团殿。克幽塔在观音殿后，塑观音即克幽化像。塔西千手大悲阁，阁西瑞莲池、伽蓝堂，东僧会司。自洪武迄宣德（1368~1435年），草创六十年余，寺规粗备。正统（1436~1449年）间，僧会清贫乐岩者，沉敏有心计，早随无际师，应英宗皇帝诏至京。师示寂，乐岩扶枢归，住此山，信向甚众。视殿挽杂，重加隐括，以入绳矩。于天王阁东西，增建东岳、祈禄二祠，钟、鼓二楼。瑞莲池南拘天香阁，池北上构（原作"拘"，据文意改）寒谷室，室前列奇石名草，台（《遂宁县志》乾隆十二年本作"堂"）下集古御制碑石，西北二百步山谷间，克幽卓锡[6]泉涌之处，覆亭曰"圣水"。水旁竹木掩映，且产山茗，客至汲煮以供。自山麓至顶，聚石巨万，视殿台下上，重栏列戟，如百将千兵擐甲持卫。崇崖削壁，梯磴连云。桥东建坊，表"西蜀禅林"四字。自是铺石作道，旁植万柏，直入邑城。手画观音像以遗寺僧，画罗汉于毗卢堂、十大士像于大悲阁，皆极神采。寺既大成，师乃谢事。其徒僧会净本，邑巨家，吴姓，号"一然"，得传衣钵，主领三百余山，克守佛戒，尤雅敬文儒，往还诸大夫士。惧前业失继，与其僧派妙祥、净立、果照辈，协心嗣葺。成化间，复于桥北建金刚殿，壮列八字山门。殿去天王殿道上下间，建坊若翼，大字书寺额。东西作二亭，以护碑志。百凡废修坠举，寺僧日盛。依山鳞砌，众至千余。

登斯山者，仰观则辉映上台，俯视则尘绝下界。远而眺之，层阁叠屋，或隐或现于丛林疏木之间。入其中，复道萦回，金碧炫目，恍如身寄梵王之宫，神怡志旷。使臣驻节，骚人留咏，登堂说法，听者环堵。岁时佳节，远近走香帛者，无虑万余。其他丈室幽庵，断桥曲径，日升而佛光晨荡，钟鸣而山鬼夜号。浮岚积翠，鹤唳风声，巧态奇观，不可穷纪。予尝宦游南北，寺刹之盛，无如两都。然率居平土，无层峰叠见之奇，无山林萧散之气。而荒山野寺，又不足以耸人之瞻求。类此山者，若燕西山，杭西湖山，东吴灵岩，京口金山。虽形殊势迥，而吴笺蜀锦各自呈奇，无害均为宝也。独惜夫蜀中山水，杜少陵品题殆尽。东坡，蜀产（《遂宁县志》康熙二十九年本作"文人"）也，墨迹遍天下，而于此山独靳哉！意者，少陵自梓江顺流经遂时，值段子璋之乱，未获登览。东坡自仕神宗（原作"州"，今据《遂宁县志》民国十八年本改）后，不复还蜀，载籍未登，遂使此山无闻于天下。岂山之不幸与！抑将有待于未来与？予方咨嗟浩叹，有僧长眉赤足，从旁哂曰："往过、未来，法无二也，龙山住世亿万，寺籍尚未千年，方来历千年者，不可数计。子胡厚往过而薄未来耶！子安知龙山含灵孕秀，不待时而发泄耶！又安知百年千岁无鸿儒硕士如杜如苏者出，而模绘龙山之胜，跨往去而难未来耶？"于戏！此岂僧言耶！予感一山之眇，而悟宇宙之大，且惧将来操笔者之无征也。乃从僧众之请，撰记本末，刻石于山。

注释

[1] 选自《遂宁县志》乾乙本（乾隆五十二年版）卷九，碑存。
[2] 席书（1461～1527年）：字文同，号元山，谥文襄，蓬溪县吉祥镇席家沟人。明弘治二年（1489年）中举人，次年中进士。历任山东郯县知县、工部尚书、左副都御史、礼部尚书、少保兼太子太保、武英殿大学士等。
[3] 克幽禅师：俗姓李，其先陇西人。因得疾，见猛火逼之，遂出家。其后会杜公济节度东川，延请住持遂之石佛寺，787年坐化。今广德寺尚存其肉身塔。
[4] 金锁瑞莲之异：据传唐武宗会昌五年，广德寺被焚毁，克幽骨塔亦被毁。昭宗时，王简抚遂州，晨见一僧立于公堂，遣人逐之，僧隐没。据地得一瓦缸，内有金锁连环骨如紫金色，脊骨现"观音化身"四字，韩启奏昭宗，再建师灵塔（即今存之善济塔）。
[5] 觉境、洪海、住持妙冲辈：觉境、洪海、妙冲皆广德寺高僧，他们于明洪武至宣德六十年间，先后开拓寺宇，兴建地藏、观音等殿及大悲阁、圆觉桥等。
[6] 卓锡：僧人在某地居住。据《广德寺志》载，德宗建中年间，大旱，井水枯竭。克幽手持锡杖，遥指北隅，徒众往视，果见崖间清泉涌出。后称之为"锡杖泉"，又称"圣水"。

广德寺碑阴记[1]

明·杨名[2]

　　卧龙山有寺，自唐克幽禅师始，然尚浅隘。宋元以来，渐以充饰。入我皇明，无际[3]悟公、妙契正觉，为时大善知识。寺僧清贫，实领衣钵，复精于画事，人多皈向。遂以所得，力图缔造，楼台殿舍，焕然改观。来游君子，有以"第一禅林"榜者。予谓不独在蜀已也。寺旧名"广利"。正德中，僧会净本请于武宗皇帝，敕赐"广德"。盖出特典，寺益以荣重。顾未有记之者。去年冬，贫之裔孙觉琏，访道四方归，结禅会，大聚名山老衲，相与参究宗旨，会已谋之旧僧会觉，恩及诸比丘，欲以原受部牒勒之坚珉，以彰先帝神教之意且勖来者，使服膺圣训，聿广厥德。谋既佥同，群来请言以附之碑后。予再辞，不可，则进琏等而语之云："夫佛氏之教，自汉中叶始传于华夏，岁月既久，枝叶渐繁。至达摩者出，不立文字，直指本根。流及六祖，法门甚盛。乃其大要，不过由戒定慧，以归于一。后来学者，梏于谈说，迁于货利，疑惧于轮回绝灭之苦，多方径造，以求超度。而正教就弊，德之广者盖寡矣。琏与诸比丘也，欲对扬休命，以不辱宠光。无亦求所谓广德之功乎！夫德之云者，不由天降，不由地出，自吾心生也，佛所谓本来面目是矣。本自精明，本自广大，本自变化不测，不假修习磨炼而自然也。惟夫人之情窦日开，物类日众，而修习磨炼之功，又不肯致。是以向之精明者，今乃昏愚；向之广大者，今乃窒塞；向之变化不测者，今乃顽锢。蔽本来面目，其谁能自识哉？是故盛者，盗杀淫；其次贪嗔痴；其最上者，事障理障。苟于数者，而知所以戒之，则能定能慧，而万法归一矣。广德之功，庸有外乎？诸比丘出入起居，仰瞻其额，敬迪祖风，咸能树立，以继克幽、无际之盛，庶此山相为不朽。如徒恃夫楼台殿舍之壮丽，以为说今垂远者，无复可重，则与鸟兽之栖息于茂林，而生死无闻焉，何以异哉？"诸比丘皆和南曰："敢不奉以周旋。"因书之，以为广德者励。若夫山川风景之奇，与创继因革之详，则有太傅席文襄公[4]记在，予固可略云。

注释

[1] 选自《遂宁县志》乾乙本卷九。

[2] 杨名（1505～？）：字实卿，遂宁人，明嘉靖八年探花，授翰林院编修，任展书官。后同杨慎、王元正纂修《四川全志》。穆宗谥赐"光禄寺少卿"。

[3] 无际：无际宗师（1385～1446年），名了悟，号蚕骨，安岳县折桂乡人（后称姚市乡），明代著名高僧。明英宗正统八年（1443年），奉诏进京，封"护国蚕骨宗师"。正统十一年（1446年）在京城圆寂，英宗赐谥号"西天佛子大国师"。

[4] 太傅席文襄公：即席书。

增修广德寺记[1]

明·杨名[2]

　　僧会如一增修广德已来，言于予曰："寺也，肇迹于唐，廓拓于列代，极盛于弘治、正德之间。仰承钦定名额，四方称盛。顾年所既深，百尔就敝，邑岁屡俭，民食是勤，小大比丘，仅仅自保，维新之役，则曷敢图？往年明府度山萧公[3]，省农问俗，偶憩寺中，考古观今，良用感叹。呼一而进曰：'道术所宗，政事（原作"周"，据《遂宁县志》乾隆五十二年本改）所欲，兴替益阙，吾宁汝禁哉？'一稽首而退，明日谋之小大比丘，遍告诸优婆塞、优婆夷等，各既乃心，各量乃力，多寡济助，康我弘功。兴替则殿阁堂廊，门垣梁栋，所焕矣整矣。视昔加隆。益阙则大士有像，兜率有坊，巍然表然，垂久罔斁，非我明府公曷以裕是？明府公者，正（乾乙本作"证"）菩萨果，见宰官身，故能具般若心，无人我见，如是如是，公幸同好，盍文诸石，永照未来？"

　　余曰："异乎，尔所云也。尔所事者，非释迦如来教耶？释迦三十三传而至大鉴，其教以无为为有，以空洞为实，以广大不荡为归。究厥大旨，应无所住，以觉为义，因心而成。经云：'若以色见我，以声音求我，是人行邪道，不能见如来。'又云：'凡所有象，皆是虚妄。'盖住于相而行布施，非最上第一义也。是故六尘不如，四大可离；七宝庄严，为福极藐。尔是之举，将住相布施耶？"

　　一曰："不然。教有顿渐，宗分南北，根器既异，识趣亦殊，解脱三缘，见不惑于名相，救度群品，势必藉于招提。鹫岭雁堂，鸡园鹿苑，鸣犍椎而集众，建刹瑟以诏遐，八万法门，百千三昧，梯级小舍，堂室大乘，道所宜然，佛亦不废。况夫阴助教化，总持人天，生成之外，别有陶冶。刑政不及，曲为调柔，出世不出，见相非见，固有存乎其人，而显乎其用者耶？"

　　余曰："善哉！先正盖有言矣！佛虽以一切盖有种智摄三界，必先用菩萨，虽以波罗蜜化四方，不能舍律寺也，戒律之涅槃也。至于生定生慧，而有微妙光明，则在尔与小大比丘自得之尔。非明府公与余所能与也。"

　　一曰："伽佗耶，修多罗耶，菩提萨埵耶，阿耨多罗耶，毗卢遮那耶，波罗蜜多耶，请书以为记。"

注释

[1] 选自《遂宁县志》乾乙本卷九，碑存。
[2] 同《广德寺碑阴记》注释[2]。
[3] 度山萧公：即萧禹臣，字度山，长沙人，嘉庆进士，曾作遂宁县令。

西来玉佛记[1]

清·源性[2]

闻之，释氏阐教西方，不生不灭，无去无来。自汉明帝遂入震旦[3]，六通三途，大施功德，迄今数千百年矣！而历代相承，其教与孔氏、老氏并行于世而不衰。迨唐迎佛骨大内隆供奉之，清凉澄观国师[4]，王公尽膜拜之礼，天人兴赞美之词。及我朝龙兴，入关定鼎，虽屡颁崇奉之祀，钦拜迎之典。固之菩萨大法，无地不放光明，而色相皆空，何处可证？大教东流，每有金石佛相，浮江飘海而来，涌地裂山而出者。应以像身得度，即现像身而为说法。天覆地载，莫喻斯恩；粉骨碎身，罔酬其德。

真修大师者，宿值德本，精修净业。往游天竺、暹罗（原作"逻"）、缅甸、印度诸国，翘首西山，设身处地，勃兴异域之思，竭力险夷之任，仿佛江流并迹，何惜体为牺牲！巴山剑阁，岂天堑之难飞；美雨欧风，知慈航之可渡。藤鞋竹杖，夜露晓霜，不辨几许春秋，跋涉缅甸，用竭葵忱，入庙拜祷，幸而两谒国王，得如所请。谨选白玉，亦须求形访迹，雕像九尊，请回中国。法体莹洁，妙相庄严，岂良工之能琢，疑过去以再来，其功德岂易言哉！忆昔五代，以铜为佛，而后周毁之，是铜不可为佛。湘东以金为佛，而敌人资之，是金更不可为佛。况夫，佛之心，离一切尘埃之心也；佛之身，历劫不坏之身也。势非探坚洁晶莹之物，焉足拟迹而标形。以是言之，一诚有格，遂若地造而天生，欲求其一，兼得九焉。爰施琢磨之功，遂焕光华之瑞。优陀延之旃檀为佛，不足称也；狮子国[5]之琢玉为佛，师颇效之。担当背负，再越重关，乃达故境。一奉峨嵋毗卢，一奉彭邑龙兴，一奉崇阳古寺，一奉南海灵石，一奉金陵云居，一奉浙江南禅，独宝光大小二尊存乎其间也。

本寺历朝敕建，为观音大士道场。四众归崇，功德壮，龙天敬仰；六和僧集，皇王祝，日月光辉。殿堂为朝眺，常住感送一尊供奉寺内，增进缁素幸福，示现俨真佛相。非玉非石，即色即空。致人瞻相皈命，方知相相离相；或得六根解脱，自可心心印心。复本归元，尘消缘净。于是波腾行海，云布慈门。四摄齐施，一法不着。今真修大师辗转传特使慧命，以大振将来，阐教利生，谓之真佛子可，谓之为报佛恩亦可。功德大略如此，藉诸檀信皈依，同登彼岸，志记因缘，泐石不朽。

宣统三年岁次庚戌（1911年）十二月佛成道日
广德寺寒谷堂大众同刊
始康[5]释子源性并书

注释

[1] 选自《广德寺志》(1988)。
[2] 源性：字贯一，时任新都宝光寺方丈。
[3] 震旦：即中国。
[4] 清凉澄观国师（738~839年）：字大体，越州山阴（今浙江绍兴）人。姓夏侯氏。唐代高僧，被尊为华严宗四祖。德宗迎入大内，赐号清凉国师。澄观11岁从本州宝林寺霈禅师出家。至德二年（757年）从妙善寺常照受具足戒。758、759年依润州（今江苏镇江）栖霞寺醴律师学相部律，后回本州依开元寺昙一律师受南山律学并往金陵依玄璧长老习关河"三论"。生历九为七帝国师，文宗开成三年坐逝。
[5] 狮子国，即僧伽罗，僧伽罗是斯里兰卡的古代名称，来自梵语古名 Simhalauipa（驯狮人），《梁书》称"狮子国"。玄奘《大唐西域记》作"僧伽罗"，即梵语古名 Simhalauipa 的音译。
[6] 始康：古地名，即今四川新都区。

释迦如来真身舍利来仪志[1]

清福和尚[2]

　　中天调御，释迦世尊，尘点劫前，早成正觉。泯三际而住寂光，常享四德。愍九界而示受生，频垂八相。从初出世，乃至涅槃。演偏圆顿渐之法，施种熟解脱之益。六道四生，三乘五性，聆圆音而悟道，睹妙相以明心者，虽尽世界微尘，莫能穷其数量。然机薪既尽，应火亦息。晦迹归真，不现灭度。又以利益未来，悲心无尽。碎定慧所生丈六之金身，成金刚不坏八斛之舍利。于是八国均分，各起宝塔，普令含识，广种福田。后一百年，摩竭提国有阿育王，统王阎浮，威德自在。一切鬼神，皆为臣属。启其祖阿阇世王[3]所藏舍利，役使鬼神，以七宝众香为末，造成八万四千宝塔，供养舍利，散布南洲。凡佛法未至之处，则安置于地中。东震旦国，有十九处。大教西来，次第出现，即今五台育王等是也。《涅槃经》云："若人以深信心供养如来全身舍利，或供半身，四分之一，万分之一，乃至如芥子许，是人福德与供养佛无二、无别。以佛舍利，即佛色身，皆由无作誓愿，同体慈悲之所示现。是以人天获导，悲喜交流，竭尽心力，恭敬供养。"福如来出世，尚在沉沦。今导人身，法已衰替。昔人履险涉危，尚多往求正法。现今水陆俱通，敢不巡礼圣迹。遂于光绪三十年（1904年）乘轮西迈，观光暹罗，次及缅甸，后至锡兰[4]。此三国者，佛法大兴。僧众虽多，不立烟爨。举国奉佛，设食待僧。每遇礼拜之日，商贾悉皆罢市，同礼佛塔，共植来因。佛世芳规，庶几仿佛。次至中印度伽耶王舍，恒河双林[5]，显著圣迹，逐一巡礼。惜世远人亡，法替教弛。不闻降魔制外之音，但见荒烟蔓草之迹。缅想昔年，为之痛息。回至锡兰都城，适值重修宝塔，中藏舍利，百有余粒。恳祈数粒，福我东人。彼言舍利，我国福田，此塔国王所建，何敢违佛犯法，私与外人？因日时礼塔，冀佛冥加。辄痛哭流涕，悲不自胜。如是十有二日，感动彼心，禀明国王，许十五粒。既满我愿，弥感佛恩。即回中国，相宜安置。遂宁广德寺乃历朝古刹，阆邑名蓝[6]道场圣地，恭留三粒，永远供养。供十二粒于新都宝光、彭县龙兴、峨嵋仙峰及南海灵石。

　　按，《西域记》："僧伽罗国，即古师子国，在大海中，近南印度，则锡南国也。国东南隅，有楞伽山，岩谷幽峻，乃如来说《楞伽经》处。昔阿育王弟摩醯，因陀罗出家证道，游化此国，建立塔庙，大兴佛法。此塔乃其创建耳。"夫如来舍利，神变无方。济度幽显，覆被人天。见闻瞻礼，皆植福寿之因。供养恭敬，并感尊贵之果。迷云尽而性天朗耀，罪雾消而慧日昭彰。三觉圆满于初心，万德具足于当念。以如是因，获如是果。凡我同伦，幸鉴愚忱。以此功德，恭祝军民统治，中外协和，佛日与舜日齐晖，法轮共金轮常转。

新繁　　魏燫　敬书

寺僧　　清福　谨述

中华民国二年岁癸丑（1913年）夏四月浴佛日广德寺寒谷堂大众全真修勒石

注释

[1]选自《广德寺志》（1988）。

[2] 清福和尚（1862~1940年）：四川成都人，十七岁礼广德寺上悟下勤和尚剃度，法名真修，号清福。中外著名高僧，净业禅院开山祖师。曾游朝鲜、日本、不丹、越南、泰国、新加坡、缅甸、印度、锡南、尼泊尔、孟加拉等，请回贝叶经5部、舍利15粒、大小玉佛27尊等珍贵佛宝供奉于祖国各大寺院。
[3] 阿阇世王：佛陀时代中印度摩竭陀国频婆娑罗王及皇后韦提希的太子。
[4] 锡兰（Ceylon）：今斯里兰卡。
[5] 双林：即双林寺。因为是佛陀最后生活和入灭的地方，所以这里成为世界佛教信徒重要的朝圣之地。
[6] 名蓝：有名的伽蓝，即名寺。

西来第一禅林赋[1]

冯学成[2]

蚕丛鱼凫[3]，亦尧疆舜土；蜀郡益州，乃秦邑汉牧。涪水居岷嘉[4]之中，为四川之枢纽；遂州位县邑之首，实天府之膏腴。井宿耀而地脉通，秀山环而人气灵。伯玉[5]有登幽州台之歌，王灼[6]有颐堂碧鸡之词。而佛法东来，尊宿星列，蜀中法幢，唯斯为大，非禅林寺之广德欤？广者，绝四维而超物外；德者，体实相而悯有情。说教者性相双即，习禅者体用不二。中土祖师，即体起用，摄万归一，非离毗卢而度化阎浮。于斯胜地，起大浮屠，气象恢弘，独冠蜀内。此非炫于口笔，而实有证焉。礼三门而顶香入，九殿重陈，皆顺山势而起；瞻两序而敛衽观，百寮整齐，尽依林气而藏。楼阁出没于翠微，殿堂隐约于苍碧。晨钟乍响，梵诵上闻于九天；暮鼓低回，禅观潜通于八极。曦未启而玄鸟私议法相，昏方运而神蝠群礼圣仪。拾级而上，玉佛庄严，和气氤氲暖润；观音妙婉，慈光弥漫亲切。诸天雨花，列圣传奥。雄殿金晖，千年十一次敕封；法旨清肃，三百余山之主领。宋碑尚在，宣八帝之敕；玉印犹新，蒙二皇之铭。普济塔瑞光熠熠，大悲阁祥云款款。寺既辉煌如是，人又何以当之？要知遂州广德，圣僧辈出，所谓人物之交辉也。历数无住之于保唐，克幽为禅林开山；道圆之于宗密，圭峰为华严五祖；船子之于华亭，夹山为曹洞佐阵；重显之于明州，雪窦为云门中兴；文易之于汴梁，哲宗为建塔普济；惟靖再入东京，道君为敕号佛通；痴绝之于天童，道隆为东瀛禅窟；无际北上燕都，正统为尊崇宗师；乐岩尤善丹青，丛林咸称仙画；清福独效善财，香海称当代奘显。俱往矣，此朴老所以赞之曰："西来第一禅林"，诚不虚也。是岁七月，余应遂州市府之邀，往瞻广德古寺，领命为赋。赋既成，感市府之盛意，并一律以颂之：

涪水中分蜀野收，宋徽唐穆[7]曾潜旒。

杜公[8]十韵情难尽，陈子[9]一歌[10]怀更悠。

郡县忧思勤劳苦，朝廷明圣策长谋，

时人莫问春秋事，万里风光好遂州。

注释

[1] 选自《广德寺志》(2008)。
[2] 冯学成：1949年生，四川成都人。1969年在四川江油当知青期间，认识并师从于著名禅师、一代武术家海灯法师（虚云禅师所传之沩仰宗法脉传人）。经海灯法师举荐，往参本光法师。于本光法师处殷勤参叩数年，遍览经教，深入禅观，涵蕴渐深，得其真传，从此意气风发，自在出入于儒学之正大、佛学之精微和道学之幽玄间。
[3] 蚕丛鱼凫：两位古蜀王。《华阳国志·蜀志》：古蜀国有"三王二帝"，三王分别是蚕丛、柏灌和鱼凫。
[4] 岷嘉：即岷江和嘉陵江。
[5] 伯玉：陈子昂字。梓州射洪（今四川射洪）人，唐代诗人，初唐诗文革新人物之一。因曾任右拾遗，后世称陈拾遗。
[6] 王灼：号颐堂，遂宁人，宋代著名科学家、文学家、音乐家。主要著作有《碧鸡漫志》五卷、《糖霜谱》七卷、《颐堂词》等。
[7] 宋徽唐穆：指宋徽宗、唐穆宗，二人都曾被封为遂王。唐穆宗，初名"宥"，更名"恒"，宪宗第三子，进封遂王。
[8] 杜公：指杜甫。
[9] 陈子：指陈子昂。
[10] 一歌：指陈子昂所作《登幽州台歌》。

广德寺赋[1]

阳作廉[2]

西南形胜，巴蜀康庄。慈善爱心之都，观音文化之乡。青莲广种，观音湖有景致万千之优雅；幽径西来，广德寺誉禅林第一之堂皇。北依佛现岭，龙头位显；南绕杨家河，绿水流长。左带青龙湖，烟波静谧；右襟流通坝，苗稼清苍。聚山河之淑气，蔚福地之灵光。德之云者，吾心佛性也；广之意者，佛性弘扬也。三代十一敕名，尚存九龙碑；两朝二次赐印，永镇玉印堂。宋塔巍巍，长传大士灵迹；玉印朗朗，同证观音道场。寺依德立，德以寺彰。

聿广厥德，慈悲度人。高僧辈出，教化日新。昔者，克幽嗣法于无相[3]，阐教开山之祖；圭峰[4]闻法于道圆[5]，华严五祖之尊。船子[6]点悟夹山，重显[7]中兴云门。文易[8]讲经京都，持论精纯。惟靖[9]尊为佛通大师，景从道俗；痴绝[10]住持灵隐古寺，瑞绕青岑。无际兼通儒道而悟禅，获"宗师"御赐；清福独效玄奘以求法，乃善财应身。又若升岸[11]、逢原[12]、觉境、清心[13]、真量[14]等大德，芳流遐迩，繁若星辰。今者，长念复寺兴教，任贤积仁，农禅并重，法事躬亲。集四众为一堂，虔修福慧；合三堂为一体，规制丛林。海山定慧双运，修持笃勤。夜不倒单，凝心禅定；过午不食，行愿弘深。净宗宣弘，念佛通达三昧；善德广积，慈行净化人心。普正双弘禅净，深识果因。兴寺倡修养，众行成就；弘法凭理念，唯识本真；发展重方略，厚积人文。尚有广种、常玉、地培、照全、照成等法师，俱以修持德行，撒播法雨甘霖。弘法利生之事业，繁花茂叶之缤纷。

德行成全，天人合一。观音朝拜之灵山，心境休闲之古寺。殿堂对称于左右，势呈正方；建筑九重于中轴，升有梯次。问过心来，拜依德礼，过圆觉桥也。前后三门空明，左右哼哈威视，金刚殿也。始建于宋，复建于明，四木支撑，身形如翼，圣旨坊也。寺中迎圣旨，全国无双；

五百载沧桑，稳平如是。方形之双亭，明碑刻"三记"[15]。钟鼓楼同升，天王殿蔚起。石龙巨柱支撑于廊檐，释迦牟尼趺坐于殿里，寺中心之大雄殿也。前巨鼎，史话可溯至汉晋；尊胜幢，十方丛林之标志。东大悲殿，梵呗清澄；西观音殿，慈光充溢。拜四尊地藏菩萨，愿行通圆；礼千手乌木观音，心生欢喜。结胜缘，出大力，再请玉佛西来，又助殿堂修葺，辋云之功德也。法堂俊逸，藏经满室。东花园问本堂澄明，西花园玉印堂典丽。七佛殿扬升，毗卢殿相继。饮圣水井，甘露润心；登佛顶阁，高风舒意。北眺则卧佛仰天，卧龙就势，龙脉呈祥，松涛凝碧。览胜景无边，叹佛恩遍济也。

嗟乎！史乘悠久，文化斑斓。敕赐历朝各异，禅宗一脉相传。曾经唐宋尊崇、明朝极盛；又历会昌法难、红羊劫年。度尽劫波犹不悔，德行千载而弥坚。今聚两序四众愿力，营百五十亩福田。卅年接力中兴谋发展，卅六殿堂亭阁展新颜。硬件完善，崛起大佛图；软件提升，面向最前沿。升座方丈，开来继往；传授大戒，启后承前。促社会之和谐，内修外弘，宗教与慈善并举；蔚人文之璀璨，继承发展，办刊与修志同妍。佛法僧三宝齐备，儒释道三教同源。言佛，有圣观音应化传说、宝像庄严。言法，则禅净唯识并茂、福慧悲慈同参。言释，育僧才有广德佛学院、导居士有净宗研修班。言儒，既办弟子规班，培育幼苗；又以入世智慧，开示世凡。明乐岩精彩绘，"仙画"饮誉；今方丈善书法，艺术通禅。大山门赵老书匾，佛缘楼钱公题联。艺术交融之薮泽，文物炳蔚之骊渊。盖逢昌国运，殊胜因缘，兴隆圣教，赓续锦篇也。

至若信众参与，佛缘善巧。观音信仰融入民俗，民俗精神冲凝佛教。月香组广邀居士，香会节朝拜诸山，蔚为民俗之大观，方证善济之灵妙。"二月和风初应律，击鼓吹竽市填溢""发始灵泉终广德，大众微尘动瑶阙"[16]，遂州庙会之热闹也。广募功德，初修长寿梯；已过鲐背，乃是仙翁貌。仍联五千余信众，护持四方之寺庙，闵照玉居士也。尚有居士万千，清净护持三宝。长念念佛会，正信学佛，善行树表。弘化艺术团，义演护法，谨勤可靠。佛教中青会，和合共修；莲花关怀团，临终引导。各界支持，艳阳高照，组织完善，风华正茂。

是以重大法会绵延，广德钟声播远。诸如丙寅（1986年）和平祈祷法会，甲申（2004年）授三坛大戒，辛卯（2011年）办水陆法会，乙未（2015年）卅周年纪念。每迎来诸寺高僧盈百，曾云集八方信众逾万。法事屡兴，传递正能量；梵呗高扬，放飞菩萨愿。佛教由法会广传，恩德因利生愈显。见证复兴必然，媒体竞相播报；诠释"广德"内涵，影响渐及世界。再若癸巳（2013年）勾描广德禅院新图，甲午（2014年）编制文保规划方案。蓝图已绘就，前途更明坦。欣然点赞曰：

中国观音古道场，佛心灵异闪慈光。

文明接力传灯永，步履铿锵势上扬！

岁次丙申年正月二十一　恭赋

二〇一六年三月 广德寺方丈普正率两序大众　敬立

注释

[1] 全文依《中华新韵》，每段一韵，句式骈散结合，以骈为主。依地理位置、高僧大德、殿堂布局、沧桑历史与中兴发展、组织机构与信众参与、重大法会为顺序，紧扣"广德"之中心思想铺叙之。2015年

10月，作廉居士参加四川遂宁广德寺恢复开放30周年纪念文化月活动归来，情动于中。反复酝酿而命笔，三月有余而赋方成。

[2]阳作廉：四川遂宁人，1963年生，遂宁中学高级教师，中华诗词学会会员。曾先后担任遂宁市诗词学会理事及常务副会长、《遂州诗苑》主编、遂宁广德寺《慈悲之光》副主编、遂宁中学诗词校本教材《芳华颂》副主编等。多次在全国诗、词、赋、联比赛中获奖。

[3]无相：禅宗五祖弘忍禅师下传第三代嗣法弟子。

[4]圭峰：圭峰大师（780～841年），号宗密，唐代高僧。元和二年（807年）赴京师应贡举，途经遂州，听闻道圆和尚说法，乃随其出家。后为华严宗第五祖。

[5]道圆：为克幽（无住）禅师衣钵弟子，得法之最。

[6]船子：船子德诚，唐朝遂宁僧人，得法于药山惟俨禅师，于华亭江面摆渡，名"船子和尚"。后传法夹山，夹山建寺院大播禅风。

[7]重显（980～1052年）：宋代云门宗僧。遂宁人，得法于复州北塔之智门祚禅师，后转徙明州雪窦山资圣寺，海众云集，大扬宗风，乃有云门宗中兴之祖之称。

[8]文易：文易和尚，北宋广利寺高僧。

[9]惟靖：惟靖和尚，宋徽宗特敕惟靖为"佛通大师"。

[10]痴绝：痴绝道冲禅师（1169～1250年）宋代临济宗僧，武信长江（四川蓬溪）人，俗姓荀，字痴绝。淳祐四年（1244年）主持杭州灵隐寺。

[11]升岸：为唐克幽禅师衣钵弟子，在弘扬祖师道场上，成绩昭著。

[12]逢原：宋哲宗元祐年间，为广利禅寺传法沙门。觉境明洪武至宣德间广利寺高僧僧会，弘扬道场，开拓寺宇。

[13]清心：清心大师，法名住朝，外号"癫师爷"。清嘉庆年间，清心大师修行精进，传以神异度人，其神奇事迹远近闻闻，世称"清烈佛"。

[14]真量：俗姓罗，名文全，遂宁横山区云峰乡人，1918年于广德寺出家，后与清福和尚筹组弘法佛学院，任教务主任，1942～1943年任遂宁县佛教协会会长、广德寺西法堂住持。

[15]"三记"：指明代武英殿大学士邑人席书撰《广利寺记》、明代探花及第邑人杨名撰《广德寺碑阴记》及《增修广德寺记》。

[16]引文出自清代乾隆年间遂宁县令李培峘古体诗《广德寺香会》。

二、作者题咏

初到广德寺

水灾过后到遂宁，安二机下现禅林。
有意参拜古寺庙，广德寺庙郊外行。
廊桥跨溪迎山门，洗心池中碧影滢。
敕赐禅林宋迹在，明代碑亭圣迹迎。
布局严谨显庄重，殿宇七重气势弘。
善济砖塔有红彩，苍松翠柏有鸟鸣。
几经沧桑痕迹在，殿堂之中佛不全。
哀叹香客过稀少，有望开放迎春天。

1982 年

广德寺禅林广场颂

金鸡之年入初春，禅林广场彩旗扬。
殿堂围合聚人气，主次陪衬等级明。
善济古塔驱邪气，圣殿倚楼显庄严。
念佛堂中梵音溢，观音殿里磬声鸣。
古树伸姿献绿荫，殿宇戗角接祥云。
御路引人入胜境，神象震吼送吉祥。
手摸福字保平安，是心作佛心自平。
千人法会灵气足，广场绕佛转不停。

2017 年 2 月

赞千年古刹广德寺

广德寺坐卧龙山，佛门历经千余年；
古木参天掩寺院，九重殿堂似天宫[1]。
殿堂倚山层叠叠，轴线突出等级明；
圆觉廊桥跨溪水，视线转折山门通[2]。
"敕赐禅林"芳名留，圣旨牌坊见神工；
东西碑亭辉相映，双龙引人拜弥勒。
古朴端庄天王殿，鼓楼钟楼布西东；
天王殿后豁开朗，双石经幢隶文锋。
雕龙御带显尊贵，大雄宝殿气势宏；
重檐金顶示开悟，雕龙画栋展辉煌[3]。
毗卢古殿斗栱美，精美翘角入眼帘；
观音古殿顶起伏，善济宝塔势翻空。
三圣殿倚玉皇楼，藏经楼上经万封；
缅甸玉佛溢灵气，九龙御碑现古风。
团殿七佛慈善目，佛顶高阁觉眼新；
香烟缭绕朝拜地，香客不断人气丰。
千手观音救苦难，地藏殿堂佛四面；
送子殿面附牌楼，燃灯殿堂呈简朴。
台上禅堂传佛法，念佛堂里求菩提[4]；
涅槃堂前呈肃穆，莲花关怀送安详[5]。
诵经之音连不断，磬声清脆感轻松；
黄葛古树大无比，千年古柏郁葱葱。
放生池中晒龟群，东西法堂游红鱼，
文化景墙佛无数，静观其意露初衷。
惜字炉旁人遄动，塔林当中莲瓣堆；
莲花大坝观音会，禅林广场撞年钟[6]。
石栏柱头千姿态，古建出檐花样多；

登山梯道数百级，沿途空间变无穷。

进入深夜皆寂静，木鱼出声五更中；

千年古刹历沧桑，观音道场持始终。

皇家禅林特征在，建筑朝代清明宋；

国级文保重点地，追源路上齐相逢[7]。

2017 年 2 月元宵节

注释

[1] 九重殿堂含圆觉桥、圣旨牌坊。
[2] 山门即哼哈殿。
[3] 重檐开悟顶指单层建筑重檐屋顶，外观两层，内看为一层，表示迷者看为二，开悟者看为一。
[4] 菩提为梵语"bodhi"，觉悟之意。
[5] 莲花关怀即莲花关怀团。
[6] 撞年钟为大年初一零点起撞钟祈福的活动。
[7] 追源为追溯中国传统文化之源，包含中国佛教文化和中国古建筑文化等。

咏遂宁卧龙山

木鱼坡形似火球，引来神龙卧此悠；

面朝东南迎紫气，龙头低俯见清流。

龙爪舒伸向四方，躯体蜿蜒自然绕；

青龙白虎居东西，玄武朱雀前后靠。

龙山背覆茂松林，留住瑞气祥云浩；

风水宝地接贵人，福地必然招佛到。

克幽祖师法眼高，开拓石窟寺庙造；

普度众生出苦海，劫波历尽"广德"耀。

2017 年 2 月
遂宁广德寺方丈普正法师审校

赞送子观音开光庆典

见

遂州

卧龙山

祥云环绕

法雨施遍地

六月六天贶节[1]

送子观音开光际

殿堂精装法相庄严

藻井辉煌穹空星光闪[2]

庄严庆典气氛热烈非凡

梵音不断磬声悠扬传霄外

观音慈眉善目六童缠绕身间

信众络绎不绝虔诚齐朝拜

忏悔恶业静心抄经默念

慈悲菩萨有求必有应

子送到保香火延续

菩萨遂众生所愿

送子娘娘显灵

古寺再扬名

许愿灵验

在人间

美满

现

2017年6月29日（农历六月初六）写于广德寺

注释

［1］六月六天贶节，起源于宋真宗赵恒，他声称，这天上天赐给他天书。

［2］古建筑"井"字图案吊顶称藻井。

附录

一、名词解释

1. 通面阔：建筑正面边缘轴线之间的距离。

2. 通进深：建筑侧面边缘轴线之间的距离。

3. 台明：建筑下部露出地面的台基。

4. 上檐出：檐檩至檐口伸出的水平距离。

5. 下檐出：檐柱中至台明的水平距离。

6. 卷杀：唐、宋柱上端 1/3 向内收起的断面曲线。

7. 翼角：屋顶转角部分的角。

8. 翼角起翘：翼角立面上向上的升起。

9. 翼角冲出：翼角平面上向外的偏出。

10. 开间：正面两排柱子之间的空间。

11. 明间：正面方向正中的开间。

12. 次间：明间两侧为次间。

13. 梢间：次间外侧为梢间。

14. 尽间：梢间外侧为尽间。

15. 前廊：正面的廊子。

16. 后廊：背面的廊子。

17. 侧廊：侧面的廊子。

18. 斗栱：大式建筑檐下由斗、供木、昂、升等组成的构件。

19. 抱厦：主体建筑前（后）凸出的附属部分。

20. 素斗栱：未作彩绘的单色或本色的斗栱。

21. 彩斗栱：作彩画的斗栱。

22. 建筑高度：底层室内地坪至正脊的垂直尺寸。

23. 抬梁式木构架：柱上搁梁，梁上搁檩的构架。

24. 穿斗（逗）式构架：柱、梁、枋互相穿插的构架。

25. 柱的收分：柱子上端直径比下端直径小，这种做法叫"收分"。

26. 柱升高：檐柱的柱高由当心间向两端逐渐升高，使檐口形成缓和优美的曲线，这种做法叫"升起"。

27. 月梁：带弯曲的梁。

28. 角背：保证瓜柱稳定的构件。

29. 乳栿：宋式大木作构件名称，类似清式双步梁。梁首放在铺作上，梁尾端插入内柱柱身，但也有两头放在铺作上。

二、宋、清斗栱、枋等构件名称对照表

序号	宋式名称	清式名称	序号	宋式名称	清式名称
1	朵	攒	21	泥道栱	正心瓜栱
2	铺作	科	22	抄跳一层为一抄	
3	铺作	踩	23	单抄双下昂（六铺作）	单翘重昂七踩
4	出跳	出踩	24	双抄双下昂	重翘重昂九踩
5	一跳（四铺作）	三踩	25	双抄三下昂	重翘散昂十一踩
6	五铺作	五踩	26	柱头铺作	柱头科
7	六铺作	七踩	27	补间铺作	平身科
8	七铺作	九踩	28	转角铺作	角科
9	八铺作	十一踩	29	攀间铺作	隔架科
10	昂	昂	30		溜金斗栱
11	栌斗	坐斗，大斗	31		如意斗栱
12	耳，平，欹	斗耳，斗腰，斗底	32	阑额	额枋
13	华栱	翘	33	普柏枋	平板枋
14	交互斗	十八斗	34	足材	足材
15	齐心斗	齐心斗	35	撩檐枋	挑檐枋
16	散心	三才升	36	罗汉枋	拽枋
17	令栱	厢栱	37	柱头枋	正新枋
18	耍头	耍头，蚂蚱头	38	平棊枋	井口枋
19	慢栱	万栱	39	平棊	天花
20	瓜子栱	瓜栱	40	衬枋头	撑头木

三、各建筑平立剖面图资料来源说明

1. 善济塔、圆觉桥、观音殿平立剖面图:《宜宾师来山文化产业有限公司修缮总结资料》。

2. 哼哈殿、天王殿、七佛殿、佛顶阁、舍利殿、广德讲堂、大山门、南山门平立剖面图:《四川省文物考古研究院修缮图》。

3. 圣旨坊、碑亭平立剖面图:《四川省文物考古研究院震害修复图》,局部按实物修改。

4. 鼓楼、钟楼、三十三观音殿、送子殿、燃灯殿、客堂平立剖面图:《四川省文物考古研究院修缮图》,局部修改。

5. 佛缘楼平立剖面图:《四川省文物考古研究院测绘图》,局部修改。

四、参考资料

1. 四川省遂宁市《广德寺志》编纂委员会编：《广德寺志》，四川省遂宁市地方志丛书之一三八，1988 年 12 月。

2. 《广德寺志》（2008）编纂委员会编：《广德寺志》（2008），四川省遂宁市地方志丛书之三十六，成都木鸟文化传播有限公司，2010 年 3 月。

3. 《四川省文物考古研究院设计的文物建筑修缮设计方案》，2018 年。

4. 田永复编：《中国园林建筑构造设计》，中国建筑工业出版社，2004 年 3 月。

5. 《建筑设计资料集》编委会编：《建筑设计资料集》，中国建筑工业出版社，1994 年 6 月。

后记

　　全国重点文物保护单位之一的广德寺古建筑群内涵丰富，历史积淀深厚。古建筑群是文化遗产的鲜活载体，是精神和文化的宝贵财富，具有很高的研究和鉴赏价值。

　　本书在概述广德寺古建筑的基础上，着重归纳各单体建筑的特征，并佐以部分细部详图、现状摄影图片、部分收藏的历史照片、历史水彩写生资料和相关历史传说等，分析广德寺古建筑群特点，以期让人们对广德寺古建筑群有个粗略的了解。需要特别说明的是各单体建筑的面积问题，由于外围柱径和厚度不一致，有的建筑外围无墙，有的墙原实测数据不一致等原因，为了方便，本书建筑面积按面阔总轴线长度加 0.24 米之和乘以进深总轴线长度加 0.24 米之和计算（仿古建筑除外）。

　　保护广德寺建筑风貌特色，是广德寺古建筑修缮过程中要注意的问题。特别是要保持文物建筑的历史原貌，就必须要沿袭传统做法、使用传统工艺和传统材料。要做到修旧如旧，避免翻修一新。

　　本书从写稿到出版历时四年多，值此付梓之际，要深深感谢倡议并力主促成此书的主编——广德寺中兴第三代方丈普正和尚，因有他的关心和鼓励，让我克服了写就本书的种种困难。几年来，他常就本书的框架结构等相关方面的诸多问题提出意见或建议；通过与方丈及时有效的信息沟通和思想交流，本书的各项编撰工作得以顺利推进。他还对每次书稿详加审阅，并在百忙中抽空写序。在书稿完成之际，他又组织广德寺管委会筹集三十多万元出版经费，使本书能够顺利出版。同时，原遂宁市副市长赵洪武亦提出了许多指导意见，四川省文物考古研究院党委书记、院长唐飞为本书写序，四川省文物考古研究院提供部分建筑的勘察测绘图或修缮保护设计图，冉小君和张小凤配合文稿编辑和校对，阳东、鄢明超等拍摄并提供大部分照片，编委会其他同仁亦对本书的出版给予极大协助和支持。在此，谨对促成本书顺利出版的诸君，一并致以最诚恳的谢意。

　　广德寺历史悠久，历经沧桑，部分殿堂名称随着时代或功用的变化而有更名，书中殿堂名称以现名或曾用名表述，未一一列举。

　　广德寺古建筑群时间跨度达千余年，书中关涉的建筑面积三万余平方米，平、立、剖面等图纸二百余张，数据之多，内容之广，工作量之大，虽经数番修改校对，但仍不免错误之处，尚祈专家和读者指正。

作者

2019 年 10 月